娘，你要学会经营自己

少女猫 著

江西教育出版社
JIANGXI EDUCATION PUBLISHING HOUSE

图书在版编目（CIP）数据

姑娘，你要学会经营自己 / 少女猫著． -- 南昌：江西教育出版社，2020.1
 ISBN 978-7-5705-1429-8

Ⅰ．①姑⋯ Ⅱ．①少⋯ Ⅲ．①女性－成功心理－通俗读物 Ⅳ．① B848.4-49

中国版本图书馆 CIP 数据核字（2019）第 226423 号

姑娘，你要学会经营自己
GUNIANG, NI YAO XUEHUI JINGYING ZIJI

少女猫　著

江西教育出版社出版

（南昌市抚河北路 291 号　邮编：330008）
各地新华书店经销
三河市金元印装有限公司印刷
880mm×1230mm　32 开本　8.75 印张　字数 175 千字
2020 年 1 月第 1 版　2020 年 1 月第 1 次印刷
ISBN 978-7-5705-1429-8
定价：42.00 元

赣教版图书如有印制质量问题，请向我社调换　电话：0791-86705984
投稿邮箱：JXJYCBS@163.com　　电话：0791-86705643
网址：http://www.jxeph.com

赣版权登字 -02-2019-714
版权所有・侵权必究

前言

很多姑娘聊天时，来来去去的都是那些话："这就是命，我的命怎么就这么苦！""好烦啊，我就是瘦不下来！""好羡慕那些白富美啊！"事实上，她们尚未认识到，其实很多事情并非命运的安排，而是自身的问题。

上学期间，她们早早谈起了恋爱，每天忙着约会，吃喝玩乐，并鼓吹"干得好不如嫁得好"。结果本以为天长地久的男友，一出校门就迫不及待和她分了手。大学留给她的，除了死去的爱情，就只剩下一张本科文凭。

找工作时，导师劝她考公务员，她说看书累，概率小，压力大，不是当官的命；父母让她考特岗，她说没耐心，路很远，地又偏，不是当老师的料。总得找个工作吧？可她大的做不了，小的又不愿干，东挑西选，最后找了份文职，每天重复而简单的工作，拿着微薄的工资，朝九晚五。

"我想要一个自由的自己""我想要一个疼爱我的人""我想要一份成功的事业""我想要一场精彩的人生"……她们心里有无数的种子发芽，却没有一颗长成参天大树。

这一切是命运吗？人生的成与败，好与坏，根本不足以抱怨运气和命运，关键还是取决于我们自身，好好经营自己比什么都重要。

我所说的经营自己，绝对不是把自己打扮得花枝招展，也不是买一堆奢侈品让自己看上去很有品位，而是在生活的各个方面付诸努力，一点点地完善自己的不足，让自己成为一个越来越优质的姑娘，有生之年活得潇洒恣意，对他人和社会有价值，进而将命运牢牢掌控在自己手中。

2018年冬天前往广州出差时，我见到了许久未见的老友孟娇。在我的印象中她一直是一个胆小内向的姑娘，尤其是在为人处世方面，很怕受伤但又经常受伤，总是一副唯唯诺诺的样子。但是那天我见到她的时候，发现她完全像变了个人似的，整个人那么开朗，那么自信。

"你和以前不一样了！"我直言道，"说实话，我更喜欢现在的你！"

"以前我总是怕别人不喜欢自己，所以无论对朋友，对同事，还是对恋人，总是倾尽所有去付出，可是总是换不来别人的温柔以待。"孟娇慢慢搅动着杯子里加了糖的咖啡，用很平和的语气说。

"后来我意识到，我要对自己负责。我给自己列了很多计划，健身，旅行，工作，进修，等等。我逼着自己不许懈怠，就算累了也一定要忍着，就算伤心也要忍着，结果当我变得越来越好，化得了妆，开得了车，挣得了钱，我不再去考虑别人的评价，反而赢得了大家的尊敬和喜欢。"

的确，这些年孟娇一直都在努力工作，别人都下班了她还在加班，别人不干的脏活累活，她都主动包揽，但从来都不叫苦连天。业余时间除了做兼职，她还经营自己的兴趣爱好，学钢琴，学游泳，将自身价值发挥得淋漓尽致，光是凭借自信的谈吐，优雅的举止就能轻松引得他人注意。

"无论何时，我们都应该好好经营自己。"孟娇说这句话时脸上洋溢着笑容，明媚的阳光照在她的身上，连我都感到点点暖意笼罩心头，并由衷地替她感到开心。

经营自己永远比讨好别人更有用，这一点每个姑娘都要懂得，并且越早越有益。

当然，经营自己不是一蹴而就的，而是一个漫长的过程，需要长期的坚持和自律的努力。为此，你不妨每天给自己设定一个小目标，不拖延，不放弃，不懈怠，笃定地一步步向前走去，一小步的积累和量变，终会成就"千里"和"江海"的伟大浩瀚，最终就是开挂的人生。

亲爱的，别浪费点滴时光。所有的为时未晚，都是恰逢其时。

目 录

第一章　姑娘，你要学会经营自己

所有的厌倦，都是因为停止了成长 / 002

最好听的一句话是"我可以" / 007

你可以去看看更广阔的天地 / 012

慢慢来，变好是一个坚持的过程 / 018

时间，才是你最值钱的资本 / 024

第二章　你独当一面的样子真的很酷

你就是你，拥有独一无二的成长坐标 / 030

你以为的好运，全是别人努力很久的结果 / 036

不遗余力，独当一面 / 041

没有一次成败，能决定成长的输赢 / 048

这世上没有怀才不遇这回事 / 054

第三章　放轻松，焦虑并不能让生活变得更好

你为什么不想长大 / 060

不焦虑，重新认识你自己 / 066

没人真的无所不能，焦虑并非一无是处 / 070

做时间的朋友，选择适合你的团队共同成长 / 076

未来那么长，你要学会承担责任 / 082

真正的优雅，能对抗这个世界上所有的不安 / 088

第四章　脱单不如脱贫，赚钱必须要趁早

女人的尊严建立在物质基础上 / 094

自信而独立的女人命最好 / 099

金山银山都不如拥有理财意识 / 105

丢掉八卦消息，提高财商更实际 / 111

工作不只眼前的苟且，还有"黄金屋" / 116

第五章　学习一辈子是一件很酷的事情啊

像我一样成长就能逆袭人生 / 122

让自己不断增值，你才能成为独一无二的人 / 127

趁年轻，去拼搏，去闯荡 / 132

学习这件事什么时候做都不晚 / 137

第六章　你的青春很珍贵，不是用来挥霍的

在自我肯定与自我否定之间，找到成长的平衡点 / 144

你就是你，不需要讨好任何人 / 148

成熟，不是做一个懂事的女孩 / 153

知世故但不世故才是真的温柔又坚强 / 159

所有成长的秘诀都在于自我控制 / 163

第七章　无所畏惧地爱一个人，就是青春啊

爱情无规则，好不好只有自己最清楚 / 168

如果爱，请深爱 / 172

成长会让你遇到更好的他 / 178

错过以后，请别回头 / 182

无畏去爱，像第一次去爱那样 / 186

第八章　愿你的孤独，使你更清醒、更强大

孤独这件事，没有人能真正感同身受 / 192

成长的路上，要学会照顾自己 / 197

好的爱情往往都需要等待 / 203

痛哭之后，请不要放弃成年人的骄傲 / 208

无惧独行，趁年轻去做真正想做的事情 / 213

第九章　亲爱的姑娘，没什么比有趣更重要

你值得拥有有趣的一切 / 220

一日三餐，津津有味 / 225

惹人爱的姑娘，说话都很风趣 / 232

和你爱的人，把家装扮成想要的模样 / 238

世界无边无际，他们有酒有故事 / 245

付出不多，凭什么一边焦虑一边委屈 / 254

任何一种自由都需要底气 / 262

第一章

姑娘,你要学会经营自己

想要过上不将就的人生,
你得先有不将就的本事。
这世界只有自身的强大,
才能换来别人对你的重视。

所有的厌倦，都是因为停止了成长

1

早上7点，永远不嫌累的闹钟准时响起。阿萌睁开粘了胶似的双眼，挣扎着从床上爬起来。然后，一路磕磕绊绊完成穿衣、刷牙、洗脸、上班……

今天周几？阿萌老是忘记每天是星期几，不过她也不在乎，每天都一样，不停地重复，没有一点新鲜感。一想到这些，她的情绪就会低落，也常私底下与姐妹们抱怨："忍受不了公司的规章制度，一切都让人受不了！""烦死了，天天过这样的日子，真没劲。"

以前的阿萌，不是这样的。

当年大学刚毕业那会儿，她每天就像打了鸡血一样，马不停蹄地去

第一章 姑娘，你要学会经营自己

面试、找工作，虽然受挫过、绝望过，却唯独没有放弃过。

终于，阿萌找到了这份心仪的工作。接触新工作，认识新同事，一切都是鲜活的，一切都是美好的。她每天兴冲冲地上班，似乎有用不完的精力，哪怕加班到晚上 12 点，也乐此不疲。那时候，她就认定一点，努力一定能成功，努力之后的成就感，千金都不换。

四年，说长不长，说短不短。随着新鲜劲儿一过，各方面日趋稳定，阿萌的激情慢慢消退，于是一切都变得索然无味。尤其是看着不断招入的新人蹭蹭超越，更加剧了她的悲观情绪，她越发厌恶这个工作环境。跳槽吧，高不成低不就，懒得找，至今还是单身，她就这样消磨着时光。

一天，阿萌发了一条朋友圈："我想看遍这世界，可是一辈子太短。"

有人问她，去了哪里。

"在家，床上。"阿萌回复道，"到哪都一样，没劲。"

原本该生机勃勃的日子，阿萌却过得一塌糊涂。当初那个灵气满满的明朗少女，也变成现在对什么都无所谓的厌世脸。

"我只是厌倦了。"阿萌无奈地感慨，"时间改变了一切，包括我。"

其实，哪有什么所谓的厌倦，只是你停止了成长而已。毕竟无趣的从来不是工作和生活，只有不再热爱的你。

最可怕的是，你把厌倦当成习惯，还觉得理所当然。

2

在温美的眼里，身边总有活得比自己好的女人。她们的人生很精彩，事业很光鲜，生活也很美满……

温美越是羡慕，就越是不满。

"如果你不甘心，那就去改变呀。"有人建议。

温美撇撇嘴，"我已然是这样了，再努力也无济于事。"

温美以前梦想做一名女作家，写自己想写的一切，现在看到曾经有共同梦想的朋友出了书，真是羡慕。

准备提笔，又想到"我写了也没有人看"，于是，她继续做着跟写作不相干的工作，心里始终藏着一份遗憾。

"你的妆画得真好看，显得更有气质了，我也想学。"

听到这话，女同事说要教教温美，她却摇摇头。"我现在化了也没用，每天上班就在办公室，下班回家照顾一家老小，都没有人看，再也美不起来了。"

于是，温美从没看过自己化妆可能会更好看的样貌。

……

一面羡慕别人的人生，一面对自己无能为力，这是人生的最大遗憾。

大部分人是平凡的，撑起各自的小世界，维护着各自的和谐，得到各自的结果。每个人看起来都会有一个可以接受的人生。然而，这一切都只是对生活缴械投降的平静祥和罢了。

这样的生活，抖落出些许哀怨，那也是应该的。

3

在给自己制定人生目标时，不少姑娘不忘加上一句，30岁前一定要实现。30岁，似乎是女孩子人生的一道界限。

起初，我也认为女孩最好的年纪不过20多岁，一度惧怕30岁的到来。后来发生的一些小事，让我顿悟到真正可怕的不是老去，而是停止成长。

北漂六年，我最感谢的人就是Carrie。Carrie是我的一位女老板，不仅对我的事业有很多的帮助，还教会了我如何活得更好。

对Carrie印象最深的一次，是我刚入职那天。

中午时分，大家都在吃午饭，Carrie一手拿着笔记本，一手扶着眼镜，聚精会神地学习设计软件——Photoshop，还不时地询问公司设计部的同事这个要怎么处理。

那是一张她去云南旅游的照片。Carrie站在那里明艳如花，但光线有些暗。

"光线怎么调更自然呢？"

"姐，您别折腾了，我帮您P吧。"同事笑着说道。

"这次你帮我P，以后呢？这比较常用，早晚得学会吧。"Carrie

解释说，还打趣道，"等我学会以后，就P图发自拍到朋友圈，看着自己美美的，多有成就感。"

后来，公司注册了企业公众号，尽管有专人负责这一板块，但Carrie也会跟着学习排版、发文……

公司年会上，Carrie上台发言，她几乎感谢了公司所有人："你们每个人都是我的老师，我从你们身上学到了不同的东西。在这个过程，我不只是感受到了努力的意义，更能在提升中发现永远保持活力、有无限可能的自己。谢谢。"这样一段话，我至今记忆犹新。

Carrie带给我的，不只是专业上的技能，还有生活和人生中的启迪——那就是永远选择热爱，永远不停止成长。

这样积极向上的人，怎会厌倦生活呢？

只要持续不断地成长，哪个年龄都是美好的。所以，满怀期待地去热爱吧。要知道，生活远比我们想象中的美好得多。

很庆幸，我正在朝着这个方向努力。

第一章　姑娘，你要学会经营自己

最好听的一句话是"我可以"

1

小夏的第一次面试，是在大四下学期。她是会计专业，当时投的职位是一个律师事务所的财务分析职位。

在会议室等了 1 个小时，面试 5 分钟，她就被拒绝了。

一谈起这次经历，小夏就气得牙疼，一口溃疡更是她无处发泄的怒火。

到底发生了什么？

面试小夏的，除了 HR 小姐姐以外，还有一个部门负责人。面试过程一直都很轻松愉快，直到负责人拿出一份财务数据和对应的数据分析结果。

"这个能直接上手吗？"负责人问。

小夏对着那个分析结果，大致猜出了分析的方向和意思，但他们用的方法和软件是她从来没有接触过的，于是实话实说："对不起，这个我不会。"

负责人的嘴角抽动了一下，"我们还是希望有经验的员工，再考虑下。"

一个星期后，小夏没有被录取。

"需要有经验的为什么叫我来？我明明是应届生。"小夏感到委屈又气愤。

"这不过是人家拒绝的说辞，应该也是考虑应届生的。"学姐说，"只不过'我不会'这句话一说出口，大概就已经凉凉了……"

"我是真的不会。"小夏无奈地说，双手一摊，"总不能骗人家吧。"

"每个人都是从新手做起的，也不是所有的人都反感培养新人，但前提是，你得愿意学，而且要有学习能力。"学姐解释道。

"我不会，但我会马上去学。"学姐继续说道，"我可以快速熟悉新领域……有很强的学习能力……这才是面试官愿意听到的话。"

听着学姐的这番话，小夏感慨万千。

对于"我不会"的事情，我们可以找到一大堆原因来说明为什么：它太难了，不好学；太忙了，没工夫学；跟我的专业不对口，怎么学……

"我不会！"三字说出来多容易，你以为它保护了你，有了这个"挡箭牌"，你就可以不学，可以不做。但它隔断的却是一项项新的技能，

第一章　姑娘，你要学会经营自己

把你局限在一个极小极小的壳里。

"我不会"，这是世界上最愚蠢的借口。

2

邓婕是物理专业的高才生，平时接触到的都是一些力学公式。将不同的公式、定理左推右导得到正确结果，然后将其应用到实际中。没错，这本是她的本职工作，也是她擅长的领域。

然而，如愿进入中国科学院物理研究所工作后，邓婕的工作内容却和之前有所违和。

"邓婕，院里要求写一份专业报告，你准备一下吧。"

"邓婕，这次办展的新闻稿，你来负责吧。"

……

一开始，邓婕对此一窍不通，面对别人丢过来的一堆素材，不知道哪些可以用，哪些不可以用；连文章的角度都选不精准，稿子写得不好，还要看领导脸色，稍微不注意就要加班到晚上十一二点。

不会做的时候，她真的很焦虑。

"实在不行，和领导申请下。"家里人担心她压力太大，建议道。

"不会可以学嘛，我又不是傻白甜。"邓婕却一脸坦然。

不会的就去查，不懂的就去问。她买来相关书籍，研究前辈写的稿件，边学边实践。渐渐地，邓婕摸透了里面的"门路"，素材筛选和文字拿捏也变得容易起来。

现在，她不会再觉得写稿件多么麻烦，反而有种沉浸在敲打键盘的愉悦。

是啊，不会就去学，多么简单的道理！

哪件事情，不是从"我不会"开始的。

从"我不会"到"我会"，必然需要时间和精力，但当你有本事说出"我会"时，岂不是已经成长的标志吗？

3

"我不会骑自行车。"

"哈哈，居然有人不会骑自行车。"

"这么简单的事，我小学就会了。"

……

从小到大，每当我说不会骑自行车时，都会承受别人的各种嘲笑。

小学三四年级时，许多同学放学后都会相约去练车。爸爸给我买了一辆粉红色的车，结果车买大了，自己腿短又不好蹬，车就搁在那里歇凉了。

再后来，看到同学们学骑车时的各种摔，我心里害怕，结果到现在也没学会。

"这特别简单，坐上去，脚蹬一下，就会了……"闺蜜恨不得当场

第一章　姑娘，你要学会经营自己

用几句话就让我变成老手。在她看来，这明明比走路复杂不了多少！

"我就是不会啊！"我继续为自己辩解。

八岁的小侄女开始学自行车。正式学车前，嫂子给她讲了一大堆骑自行车的要领，比如要扶直把、往前看、别怕摔倒等。

嫂子扶着小侄女练了半个多小时，终于放心松手了。没一分钟，小侄女就摔倒了。

"接着来……"小侄女拍拍身上的土，继续练习。

不知道挨了多少次摔，小侄女终于学会了。这一次，她使劲一蹬，便骑上了车座，就势向远处骑去，骑出了很远。

小侄女咧嘴笑着，喜悦溢于言表，"我会骑了，我会骑了。"

事后，我问小侄女："摔得疼吗？"

小侄女甩甩头，"疼，但我想学会。"

这句话，对我的打击巨大。

是啊，我为什么不会呢？因为我的愿望不够强烈，意志不够坚定。任何一件事情，只有真正地想做，并且全身心投入进去，遇到困难的时候，才不会轻易放弃！

把那些"我不会"变成"我想"，接下来就是见证奇迹的时刻。

我们正值最好的年华，好好去做自己想做的事吧。

如果有人说"我不会"，我会问"你想吗？"

是的，当你想做成某一件事时，全世界都会为你让路。

你可以去看看更广阔的天地

1

在外人眼里，慧慧应该过得很幸福。她长相清秀，家境不错，一直在父母的蓝图中成长，本科毕业后，进入一所小学当上了数学老师，工作很稳定，福利也不少。

可慧慧是个不折不扣的"怨妇"，她总会喋喋不休地大吐苦水。她的苦水无非就是有些同事晋升得比自己快，自己的辛苦得不到家长的体谅等。因为这些鸡毛蒜皮的事情，慧慧甚至无法好好工作，好好生活。

起初，朋友们总是会想法安慰她，后来只能默默地听着，因为该说的话都说了，已经完全不知道该说什么了。

而慧慧呢？总觉得别人不理解自己，身上随时散发着一种即将爆发的戾气。

去饭店吃饭，服务员态度稍有不好，她就会怒火中烧；

去商场购物，结账时嫌收银员手脚不利索，她转身而去；

开车出门时，她觉得所有的车都在挡自己的路，喇叭按个不停；

……

本该青春美丽的年纪，生生地让一脸的愁容，遮去了八分的美貌，多么可悲。

有一句话说："人生不只眼前的苟且，还有诗和远方。"

但对于慧慧来说，眼前的苟且已经占满了她的生活，而诗和远方，根本无从谈起。而这狭小的格局，注定圈住她的心性，让她越活越狭隘。

这样的姑娘，不要说没有异性喜欢，就连同性的我，也不喜欢。

2

孙妍，我的前同事，一个很有个性的姑娘。

她自幼由妈妈独自抚养，而在她进入高中时，妈妈却因为一场突发疾病去世。孙妍说："我想替妈妈领略错过的整个世界。"

每年，她都会请假一个月进行环游世界的旅行。先是周游亚洲，然后去往欧洲，至今已在非洲各国辗转游荡。

不同于普通人的走马观花，孙妍是以最贴近生活的方式去深入这个世界，品尝新奇美味的食物，了解各地的风俗习惯，见识各地的奇人异事。

虽然很多人认为孙妍活得很轻松，但是她并没有挥霍的经济资本。身上弹尽粮绝时，她也会练摊，其间她慢慢学习水晶和宝石鉴定知识，以代购换取劳动所得。再后来，接受同住一家旅店的他国伙伴的建议，她开始在网上定期分享自己的旅途照片，吸引了大量粉丝关注。

"在这个城市里，应该有很多和我一样的女人——单枪匹马地生活，高负荷地工作。拼命赚钱，拼命找安全感，外表未曾老去，内心已然荒芜。"

"但看过了辽阔壮观的景色之后，我的心变大了，我感受到风一样的自由，内心是新奇的满足与无来由的感恩。再返回工作时，我的精神状态变得很好，没有半点疲乏和劳累，更没有焦虑和怨恨。"孙妍由衷地说。

孙妍会兴致勃勃地给我们讲旅行中的故事，和她在一起，我觉得有更为广阔的交流空间，更有趣的交流方式。

一个踏遍了千山万水，看惯了山川湖海的人，是不会沉迷于小院落里的一处假景的。

每个人刚开始成长的时候，总是局限在一个小的范围当中，接受的人和事都是有限的。而用自己的脚步丈量世界，视野会变得更开阔，心胸会变得更宽广，如此便不会在精神世界里迷失方向，并激发对生命的热情！

第一章　姑娘，你要学会经营自己

3

每当身边有朋友感到困扰时，我都会鼓励说："去旅行吧！"

我并不倡导人生需要来几场说走就走的旅行，由于责任，由于工作，我们不能说走就走，但是我们可以四处走走。

大二之前，我是个没出过省的人，基本哪儿也没去过。那时我常常因为一些小事烦恼，比如喜欢的男孩子突然有了女朋友，明明很努力却没有拿到奖学金，等等。

身处囚笼，不知出口，又不想坐以待毙。

当我求助导师时，导师告诉我："也许，你该走出去看看这个世界！一个人的眼界，往往跟你看过的世界有关，这决定了你的认知和看待问题的角度。"

我之前没有听过这种说法，有些将信将疑。

为了进行验证，我利用国庆假期给自己来了一次旅行。我去了内蒙古的草原，一个和现有生活模式完全不同的地方。望着整片湛蓝的大海，一望无际的草地，我第一次感到生而为人的那些烦恼和不幸，在大自然面前实在太过渺小。

一周后再回来，我发现以前"框"住自己的东西，现在看来是如此不堪一提。

之后，我远离了那些无关痛痒的小事，将更多的时间和精力用在专业学习上，用在能力提升上，生活变得充实而精彩！更重要的是，我清楚自己想要的是什么，不易被各种虚荣所诱惑，身上多了平和从容。

"我已亭亭，无忧亦无惧。"

能说出这句话的人一定见多识广，格局够大才能远离狭隘，心有底气方能波澜不惊！

这个世界真的很大，适时抛开牵绊自己的东西，尽可能去看看更广阔的天地，你才能成为一个有谈资、有见识、有阅历、有力量的人，让人生更有意义，更有价值。

不被杂事所扰，循着你的心意，一步步向前走去，该是多么惬意！

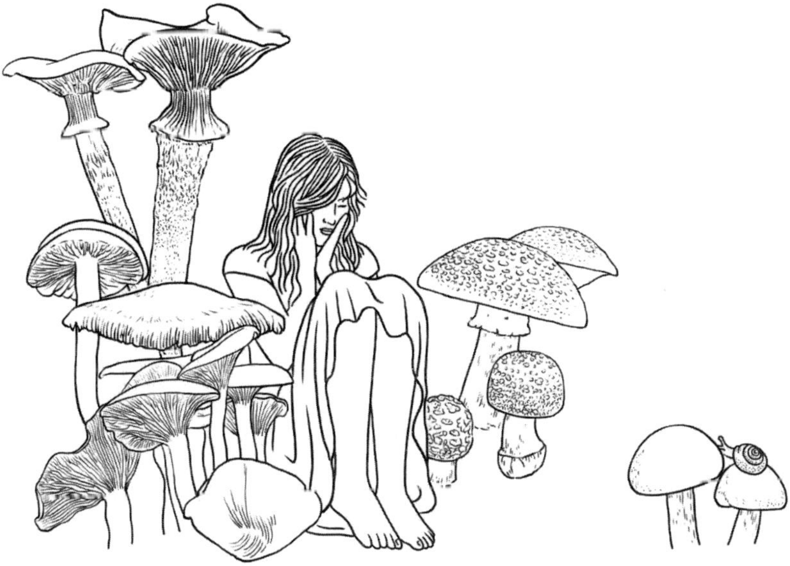

慢慢来，变好是一个坚持的过程

1

上周，云茹说公司领导层大换血，并以整改为由进行裁员。

很不幸，今天新接手的领导提前告知云茹她即将被辞退。

云茹问了其他同事关于裁员的事情，结果发现，整个部门只有自己被"剔除"了。

30岁的关头突然失业，而且没有一技之长，这让云茹慌了神。

云茹哭得一把鼻涕一把泪，最后总结当初进入这家公司就是个错误！

云茹并非销售专业，但她是硕士毕业。在入行之初，她有些犹豫，但是领导看中了她的学历，"小严进入这个公司几个月，就已经月入过万,现在已经靠自己的努力买上了车和房子。我们这个行业很简单,就是需要你大量拜访目标客户,说说说,把客户说动了,自然就成交了"。

云茹眼红了,那个小严看起来不过尔尔,学历也不如自己,她都可以月入过万,我也可以。看来做销售真能改变命运,于是立马入了行。

云茹每天不停地拜访客户,但是业绩一直上不去,而且是部门垫底的那位。看着小严一单一单地出,云茹不甘心。

仔细观察后云茹发现,小严并非那种能说会道的女人,她的高业绩源自背后的努力,在拜访客户之前,她会先对客户进行详细了解,对各种情况进行综合分析,就好比一个正在为人治病的医生,首先必须对病人的各种症状进行综合的诊断,然后再针对性地对症下药。

"这工作哪是说说那么简单的事,我被骗了。"云茹说得义愤填膺。

我很惋惜云茹的遭遇,但并不同情。如果销售只靠嘴就能赚钱,那就太容易了。

暂时失业,我建议云茹利用这段空档期自我提升。

"你有没有什么东西能教给我的,而且很快就能学会的?"云茹一脸期待地问,"不如,你教教我怎么写文章吧。"

"写作并非一朝一夕之功,不如你先看看书。"接下来,我将几本非常有学习价值的图书推荐给云茹。

仅仅过了两天,云茹就开始大发牢骚:"两天了,我一本书都没有读完,这样学习新知识的速度太慢了。我经常看到别人晒各种书单,每年读几百本书，甚至30分钟就可以读完一本，我也希望能快速把书读完，并且把精华吸收，然后写出心得体会或者书评分享给别人，怎么做？"

"做不到！"我直言不讳地说，"谁都不行！"

关于工作，关于梦想，太多的人渴望速成，但其实不过是自欺欺人。因为，没有一件事是不需要花费大量时间学习的。

2

我的朋友景小姐，是一家英语培训机构的老板。

她是福建人，在读大学时，普通话和英语都讲不清楚，这个时候如果说她有做英语培训的天分，我相信她自己都不会相信，其他人更是只会哈哈一笑。

如今的她，操着一口地道流利的英语，能轻松自如地跟老外谈笑风生。

景小姐不是那种聪明的姑娘，但是在英语学习上，她几乎做到了百分之百的努力！

整个大学四年，她几乎每天早上准时6点起床，然后一个人对着一棵小树大喊英语；她逼自己每天走路都练习英语发音，一直练到腹部肌肉酸疼，舌头打结，舌头疼得不能动才肯罢休，甚至连吃饭、上厕所的时候，她都戴着耳机练习英语听力，以至于同学们私底下叫她"疯狂景"。

大一时学校有个英语讲座，那位意气风发的老师说："在座的同学们，如果你们每天背3个单词，10天就能背30个，一年就能背1095个，整个大学四年，你就能背4380个。同学们，你们能每天背3个单词吗？"

"能！"一大群满怀豪情的新生，爆发出震天的誓言。

遗憾的是，多数人只坚持了半个学期，就不知不觉地放弃了。

当假期来临时，好多人完全忘记了背单词那回事。而景小姐，却把这件事当成了自己的一种习惯，一直坚持了整整四年。

日积月累地学习，会产生惊人的效果。

景小姐的变化是可喜的，英语说得越来越标准，整个人看起来自信又勇敢。

正是靠着这样的努力和坚持，景小姐将劣势变成了优势，才有了她的成功。

每个人都能够通过提升自己的能力让自己变得更加优秀，每个人也都有能力做到这一点，对此我深信不疑。只是，我们要保持耐心，一步步地去付出、去努力才有可能做到这一点，否则只能是白日做梦而已。

3

学习硬笔字这件事，我已经坚持了很久，但是系统的学习是从高中开始的。

小时候，我特别崇拜写得一手好字的父亲。尤其是看父亲写字，那简直是一种极大的视觉享受。一撇一捺一点一横，个个遒劲利落，整齐得犹如印刷的一样精美。

每学期期初，父亲总要在我的课本上，工工整整地写上"语文""数学"、年级以及我的大名等字，总会被同学们争相传看好一阵子，"你爸爸的字写得真好看！"

我幻想着自己有朝一日也能写出如此漂亮的字，然后羡煞一群人。可是当父亲拿出纸张，让我临摹练习时，我不是草草了事，就是三天打鱼两天晒网。

所以我始终没能写出见得了人的字，尤其是硬笔字。

高中时期，爱好文学的我手写了一篇作文，当时电脑和网络还不普及，我想邮寄给一家杂志社。但写了很多遍，最后还是放弃了，因为字迹太过潦草，自己都看不下去了。

我实在不想自取其辱。

之后，练字成为我的一种生活习惯，先描摹，后临摹，每天练两页，开始的时候会动摇，"算了吧，反正一下子字也不会写好的"，但另一个声音又在耳边响起："要坚持，不要轻言放弃呀。"

如今人到中年，我一如既往地临习古帖，几十年如一日地坚持，写出的字已能令人称赞连连。碰到不顺心的事情时，取张白纸拿支笔，安安静静地随心写几个字，内心也会舒服许多。

很多事情就像看书一样，就像学英语一样，就像写字一样，都是厚积薄发的过程。只有慢慢去努力，才有变好的可能。

所有让人变好的选择，过程都不会太舒服。但一步步实现自己所想所要，感觉真好。

愿我们都能坚持不懈，愿我们都能如愿以偿。

时间，才是你最值钱的资本

1

卢卢从小成绩优秀，大三时得到本校保研名额。读研一时，她最大的心愿就是毕业时顺利拿到文凭，找到一份满意的工作。

也许是之前生活太过顺利，读研时卢卢不自觉地放松了自己，每天会用大量的时间玩各种手机游戏。看到有什么新游戏，总要下载试一下。

人们问她为什么总玩游戏，卢卢说："没什么事做，不想让手闲着。"

如果继续问学业忙不忙，她就会说："功课挺紧的，玩游戏，放松下。"

"我不能把所有时间都用来学习吧？总要留一点个人的娱乐时

第一章　姑娘，你要学会经营自己

间吧！"

起初，卢卢认为适当打游戏能够放松身心，能让自己在枯燥的学业之余享受"快意江湖"的乐趣，享受不必太费脑子的成就感。

为了"不让手闲着"而玩游戏，卢卢看似并不上瘾，随时都能放下，但游戏已经成了她生活中的一部分，甚至是一种寄托，寄托她无聊而空虚的心灵。

一入游戏深似海，从此时间是路人。

一个学年结束后，同学们有的得到出国留学的机会，有的得到导师的课题推荐，而卢卢还在不紧不慢地打着游戏。

她看似没有耽误正事，却在不知不觉中消磨着青春。她本应该做得更好，走得更远，却在日复一日的疲软中成了碌碌无为的人。

那些本来可能属于她的机会，就这样被她错过，再也回不来了。

终于，她喃喃自问："我的时间去哪儿了？"

花有重开日，人无再少年。

但能抱怨什么？一切都是自己造成的。应该努力的时候，你为什么选择松懈？

2

如果问年轻姑娘什么最值钱？

她们可能说，爱情、金钱、工作，要么是房子、车子等，很少有人提及时间。

因为，对于年轻人来说，有的是时间。

我也曾经年轻过，曾经过着潇洒快意的生活，那时候多的是时间，可以随意安排自己的生活，想干什么就干什么。

那种感觉……真的很放松。

可在自由的享乐之下，我还是失去了很多宝贵的东西，把大量宝贵的时间和精力花费在无意义的人和事上。

记忆犹新的是，高考后的那个暑假我沉迷于追剧，看完一集又想看下一集，不知不觉时间也过得飞快，有时甚至通宵追剧。

结果不但很浪费时间，时间一长，还导致眼睛酸疼、大脑空白、神经兴奋。次日起不来，白天浑浑噩噩，什么都干不下去，一天又白费了。

那种感觉让我着实痛苦，我问自己，即将要踏入大学校门，是不是像梦想中那般昂头挺胸？我不敢回答自己。

而我的朋友筱筱，虽然每天也在追剧，但只限一小时。剩余的时间，她静下心来读了几本感兴趣的书籍，还利用假期考了驾驶证，这让她变得更自信。

同样的一个暑假，我们的收获截然不同。

现在回想起来，我内心还是很后悔。如果让我再回到过去，我会坐下来好好读几本书，做一些有意义的事情。

所以后来的我珍惜当下的每分每秒，努力把时间用在刀刃上，才渐

第一章 姑娘,你要学会经营自己

渐走出迷雾。

通常,浪费时间的人最缺少什么?自制力!

真正的时间杀手,不是别人,而是没有自制力的自己。

3

工作中,我认识了一位成功的前辈,她是我的领导,也是我的贵人。

据我所知,每天她的日程表中都没有一点空闲,除了日常的开会、谈判等工作,她还坚持写作,在各地演讲等。

"一个人是如何做那么多事情的?"我不解地追问。

她简单而清晰地回答:"我珍惜哪怕一点点的时间。"

从接下来的诉说中,我得知,她经常是零点还没睡、凌晨四五点就起床了,然后马不停蹄地做事。当等待烤箱中的肉烤熟时,她会处理一些公文或者起草计划;在会议之间的空余时间,她会抓紧时间写写报纸上的专栏文章。

"我每一天都过得很充实。"她微笑着说,"时间宝贵,我只想静静地做自己喜欢的事,我希望能够做到像自己期待的那么好!"

将时间用在工作上,可以换来一天工资;

将时间用在学习上,可以获得某种技能;

将时间用在阅读上,可以读完一本好书;

哪怕将时间用在睡觉上,也可以让自己的肤色变好,保证第二天神清气爽。

在这个世界上,最公平的是时间。无论富有或贫穷,每个人的一天,都是二十四个小时。

如何度过这段时间,决定了人和人之间的差别。

当你能在有限的时光里,让每天过得充实而有意义,你的生命就拥有了无与伦比的光彩,你将赢得时间能够给予的一切,比如荣耀、梦想以及未来。

第二章

你独当一面的样子真的很酷

人生最大的意义就在于,

努力让自己变得优秀起来,

将最好的一面呈现出来,

争取做到没有人能取代你。

你就是你，拥有独一无二的成长坐标

1

"我是小晴！加我！"

当微信上弹跳出这条信息时，阿君不由自主地连嘴唇都发起抖来，无法抑制！

小晴是谁？她是阿君一起长大的发小，曾经说过不是姐妹情同姐妹的话。

她们已经很久没见面了，而这正如阿君所愿，如果可以，她宁愿永不相见。

从小到大，阿君就是小晴身边永不缺席的"陪衬"。

小晴家境优越，而且成绩很好，她被每一位老师喜欢，当很多科目

第二章 你独当一面的样子真的很酷

的科代表,参加很多活动,忙得团团转。

在一些人看来,这似乎很平常,但这足以成为阿君羡慕的对象。

阿君家境一般,父母都是普通工人,工资也不高,温饱足够,但除去生活费,所剩无几,因此他们一家生活十分节俭。

小晴的文具大多是韩国进口的,而且带着甜甜的香味。阿君会偷偷把她不要了的文具攥在手里,回到家放到储物柜,细细地闻了又闻。

小晴的书包里总是不断冒出阿君叫不上名字的零食,她在旁边偷偷咽着口水,实在耐不住就买一个棒棒糖吃。

摸着小晴一身又一身的闪闪发光的演出服,阿君笨嘴拙舌地帮着她对台词。

阿君最害怕的场景是,小晴贴了满满一墙的奖状。小晴从未因考不好而挨打,连挨骂都没有,而阿君稍有退步就被父母狠狠地责骂。

……

阿君时常会问自己,同样是人为什么会有这般差距?

小晴成为阿君心中的一根"刺",这些年她故意对小晴避而不见,也不联系。

小晴再出现的时候,阿君的生活已经走上正轨很多年,大学毕业、参加工作、买房买车、结婚生子。

阿君隐隐觉得,这些年的积累差不多可以和小晴齐头并进地比一比了,于是发朋友圈时遣词造句,来回精心处理图片:"这家五星级酒店，服务真不错""面签很顺利，出国旅游啦""家里买了按摩椅，好舒服"……

阿君强烈地盼望着能从小晴那里收获羡慕，哪怕只有一点。结果，小晴除了偶尔点赞外，表现一直都是淡淡的。

烧得自己坐不住的时候，阿君也问过小晴："你羡慕我吗？"

"没有啊，怎么了？"小晴回答，"不过我真心为你高兴。"

为什么？我跟在你后面羡慕了那么多年，现在让你羡慕我一次就这么难吗？阿君努力把失落深深地压下去，心里沉甸甸的。

她现在的生活，仿佛是为了小晴所活，只想证明自己过得比她好。

她不知道，这个心魔什么时候才能消，还能不能消。

她忘记了，每个人都有独一无二的生活，无须羡慕，不必攀比。

2

文澜是我的同窗好友，她的能力及家世都好，步入社会后一帆风顺，短短几年就位居某公司经理，有房有车，意气风发，不可一世。

而我，不知是努力不够，还是运气较差，一开始的工作并不如意。我一度眼红文澜的优秀，心里不免有股怨气："以后我要比你更有出息""以后我要买比你更大的房子""以后我要买比你更高级的车子"……

但是，很快我发现这种生活方式一点也不快乐。

"难道我的人生就是为了和别人比吗？不，我要做最好的那个

第二章 你独当一面的样子真的很酷

自己。"

想明白这一点后,我开始调整自己的心态:"我的工作平凡,但找到自己的价值就好""文澜的成就并非运气,都是一步步奋斗出来的"……

之后,我开始安心做自己的工作,并努力培养自己的实力。我对于工作极其认真,稳扎稳打,最终凭借多年累积的经验、实力及资源,事业渐入佳境。

你可以去羡慕别人,但更有必要耕耘自己。

过好自己的日子,你会越来越不羡慕。

前段时间,妈妈告诉我表姐家又买了一套新房子,高档小区,墅式洋房。我的第一反应是安慰妈妈:"虽然我们房子不大,可布置得很温馨,不用羡慕。"

换作以前的我,听到妈妈说这样的消息,肯定会羡慕表姐,也会自责自己挣钱少,不够拼命。现在的我变得理性,不再做一些无谓的羡慕和攀比,更多的是想如何更好地努力,改善现状。

或许,这就是成长吧。

如今的我虽然没有大富大贵,但事业平稳向上发展,并且在工作中得到了更多的宝贵经验。每一步我都走得稳稳当当,心里无比踏实。

3

"每个人都拥有独一无二的成长坐标,如果你勉强自己去按照别人的坐标生活，就会像型号不符的零件，也许一开始还能勉强配合，但时间久了终究会散架。"

这是我的导师——陈果老师曾经说过的一句话，我特别喜欢。

陈老师大约有 40 岁，身材微胖，鼻子有些塌，脸上有雀斑。在外貌上，她实在算不上一位吸引人的女性，但我们偏偏都喜欢她。

那时候，陈老师说得最多的一句话就是——"我不完美，但是没有第二个我！"

她的生活，满满都是对自己的热爱和感恩。

比如，她接纳了自己微胖的身材，"虽然我有点胖，可是我五官端正，胖是风韵，是另一种美"；拍照时，她会毫不掩饰自己脸上的雀斑，从不美颜，不修图，坚持纯天然的原图；陈老师还喜欢瑜伽，业余时间，只要排上课她就去上，即便自己做得不好，也总是站在最前面……

陈老师认为，很多时候，我们的安全感不足，是因为没有意识到，或者没有坚定，自己是独一无二的，"哪怕别人再好，也无法替代你。你只有一个，请坚信你的独特性以及重要性，你的存在本身就是你的安全感"。

每每与她谈话，我都会觉得自身精进很多，心胸和思想都变得更广阔了。

多年后的今天，我依然记得陈老师当初的模样，优雅而自信，显得那么迷人。

第二章　你独当一面的样子真的很酷

你总是羡慕别人，担心自己不如别人，甚至自卑！可是你是独一无二的，无人可以取代的，何不爱自己，给自己一个机会呢？

一步步去深入了解自己，找到自己的优势所在，轻松和宁静随之而来，进而你会实现存在的价值与意义。

姑娘,你要学会经营自己

你以为的好运,全是别人努力很久的结果

1

"二十多年来我没有得到过一丝丝的好运,所以生活才会像现在这般乏善可陈。"

夏至叹着气,沮丧地说。

回顾夏至的人生,似乎处处充满不顺。

英语四级考试考了四次,结果还是没有通过!

"我的室友们都是一次就过,有人还正好做过类似的练习题。而我就没那么幸运了,几次碰到的题全是自己不会的,倒霉!"夏至郁闷地说。

毕业时,夏至和一位大学同学一起面试同一家公司,对方成功,她却失败了。

第二章　你独当一面的样子真的很酷

"她能力也没有很强，甚至还不如我，这次纯属瞎猫碰上死耗子。"夏至愤慨地说。

夏至长得还不错，但身材胖胖的，这些年总是很难脱单。而她的一位女同事虽然长相普通，却因拥有苗条纤细的身材，总是异性缘很好。

"为什么别人的身材那么好，怎么吃都不长胖？我就不行了，喝口凉水都长肉！要是能使我变成她，该是多好的事。"夏至憧憬地想。

……

听上去夏至的遭遇值得同情，但真是如此吗？

事实是，当室友们夜以继日忙着备考时，夏至却在床上夜以继日地追剧。总是到考前一周，她才会觉醒。她总是期待靠考前突击出现奇迹，考试结果却总是悲催的。

临近毕业时，那位同学马不停蹄地参加面试，精心准备自我介绍，不断积累面试经验和能力。因为胸有成竹她自信满满，对答如流，如此强的感染力自然备受青睐。而夏至呢？她来了一场说走就走的旅行，因准备不够而底气不足，甚至连和面试官目光对视都不敢，面试能成功才怪。

夏至总羡慕别人的好身材，当别人在为了翘臀做深蹲时，她却躺在床上舒舒服服地睡觉；当别人汗水打湿全身时，她抱着手机在家宅过一个又一个周末。

所以你都没有去努力，又凭什么去抱怨？

仔细想想，生活中一切的失误、不顺及失败，大多是因为我们尚不够好，准备不充分，没有真正去努力罢了。

2

几年前，我曾做过一段时间的助教，并有幸认识了博老师。

博老师总是光鲜亮丽地出现在各种演讲台上，她的课程幽默风趣，她的讲解深刻睿智，深受诸多人的喜爱和欢迎，走到哪里都会获得掌声和鲜花。

当初，我是抱着沾沾"好运"的心态去应聘的。顺利成为博老师的助教，并真正一起工作了以后我才发现，她并不是"运气"太好的人。

博老师并非天生聪明的女人，在做任何一场演讲前，她往往需要花费很多时间认真考虑每个观点、每个事例，甚至每个句子会引发什么样的理解和反应，然后逐一制定相应的说辞和对策。反复修改，字斟句酌。

她的记忆力也不是很好，经常丢三落四。为了确保活动万无一失，她会认真做好各项准备工作，做到计划详细、通知及时、准备周到等。

她在讲台上说的每一句话，每一个字，都经过了上百次的练习。

"这些年来，我经常被人夸奖在台上谈笑自如，随机应变能力也强，总能游刃有余地应对各种问题，这些良好表现似乎都是因为我运气好，其实大家搞错了，"博老师笑着解释说，"这只是因为我做足了准备。"

这世上哪有什么天生的幸运，不过是以往努力的积攒。

第二章　你独当一面的样子真的很酷

你只有很努力，才能看起来毫不费力；也只有很努力，才接得住丁点幸运。

3

在我的朋友圈中，阿渺是少数觉得自己幸运的人。

阿渺长相普通，学历一般，能力也不出类拔萃，也不是年薪百万元的高端人才，她只是一个平凡的公司小白领，月薪四五千元。

这些年，她一直工作努力，做事勤快，凭自己的本事赚钱，从未抱怨过生活。

在阿渺看来，努力是一件不需要炫耀和衡量的事情，虽然她也曾遭遇过一些不顺心之事，比如她原本有一次升职机会，却被领导的亲戚给占了。

很多人都劝阿渺在工作上应付过去就行了，就是做得再好，在这样的私营企业没有关系，想要升职加薪比登天都难，而阿渺只是埋头做自己的事情。

当别人抱怨工作无聊、老板苛刻、业务难做时，阿渺总是抢着干脏苦累的活；

晚上同事掐着点下班火急火燎去约会，她接着整理各个客户的信息和自己的不足之处忙到深夜，每天累到往床上一躺就睡着；

京城的大夏天燥热无比，同事躲在有空调的办公室里享受着凉爽的惬意，她则冒着烈日、挤着公交去交办公司各种事务；

……

除此之外，阿渺还利用业余时间用心收集、深入了解产品以及主要客户的资料，其间她通过分析和研究，总结出了利于产品畅销的方法。按照这些方法，阿渺一连出了几个大单，打开了公司产品的销路。

一年后，阿渺凭着自身优秀的能力荣升销售部副经理，享受着比之前高三倍的年薪。

这个世界上根本没有不劳而获的收益，哪怕是掉在地上的一分钱，如果你不弯下腰去捡，你也没办法得到它，这是一个十分简单的道理。

你见过天鹅吗？它们在水上轻松悠闲地游荡着，看起来惬意极了。其实它们的脚此时藏在别人看不到的水下，拼命划水，从不抱怨，一直向前。

总有人在你看不到的地方努力着。

与其羡慕别人的好运，不如学习别人努力的过程。

当努力到一定的程度，幸运自然会与你不期而遇！

第二章　你独当一面的样子真的很酷

不遗余力，独当一面

1

阿穗是个"佛系女青年"，她几乎没为生活，为工作发愁过，这并不是因为她的成长环境和就业条件非常好，而是她的处世态度很特别。

阿穗的口头禅是"随缘吧"，工作随缘，恋爱随缘，总之一切顺其自然。

"平平安安上下班，每个月拿的工资够花就好。"

"我这个人能力平平，所以没有那么多野心。"

"别给自己太大的压力，努力了就行了！"

……

平时下班一有时间，阿穗就会召集朋友们到处吃吃喝喝，来到N

城四年,这里的网红餐厅几乎都被她打过卡,她的生活看上去很美好。

一开始,大家都挺羡慕阿穗,阿穗也自诩懂生活。

日子一天天过去,阿穗的年岁渐长,每个月依然拿着三四千的工资,和刚毕业的小姑娘从事着一样的工作。除了年纪,她似乎没有什么能走在年轻人前头。

前段时间,阿穗参与了公司内部的竞聘。她用一天时间做了个PPT,第二天就上台竞聘主管,演讲的环节勉强过关,却在问答环节卡了壳。

"重在参与,我尽力了,看天意吧。"阿穗笑言。

结果阿穗竞聘失败,而且还是输给一个新人。她再也无法淡定,只觉得没有面子,心灰意冷,于是毅然递上辞职单。

她原以为,公司肯定会再三挽留自己这个老员工,但领导却欣然接受了。因为阿穗各方面能力平平,实习生也可以轻而易举地取代她。

从表面上看,阿穗得到的都是不好的结果,但这是天意吗?当然不是,这里的关键在于,她从来没有真正地努力过,奋斗过。

随缘是一种自由的散漫,是对生活缺少动力,对自己不负责的表现。

因为成功,往往需要的不仅仅是努力,还有不遗余力。

2

不遗余力,意思是为了达成某个目标,将全部的身心和力量使出来。

第二章　你独当一面的样子真的很酷

对这个词语，我深有体会。

有一年，公司号召组团参加一场马拉松比赛，一共召集到八个人，但是还有半个月开赛时，一位同事突发疾病无法参赛了。领导一拍板，我就成为一名马拉松选手。

虽然我一直有跑步的习惯，但从没想过要跑马拉松，全程42公里，我下意识地觉得自己肯定跑不完。

也许是看出了我的犹豫，领导鼓励道："你们代表的是公司形象，全力跑，跑下去，谁能跑完全程，奖励三人的带薪休假！"

这可是一个不小的奖励，我只能硬着头皮，每天下班后在小区里以慢跑的速度进行锻炼。雷打不动，风雨不误。

半个月后随着一声枪响，我的第一届马拉松在万人起跑线上正式拉开帷幕。跟随着人群，我跑过一座座建筑、一个个路口。

因为长期锻炼的原因，开始的10公里并不难，我以平时跑步的速度匀速往前。

跑完15公里左右时，我开始感到体力不支，速度也慢了下来。

跑到20公里时，我想停下了。毕竟42公里对我来说，是遥不可及的距离。但转念一想，到时丢了公司的脸面怎么办？还有三天的带薪休假，到底还要不要？

经过一番复杂的心理斗争，我下定决心："拼一把吧，别停下！"

虽然已经累得气喘吁吁，但我仍然一小步一小步地挪着。把左脚放在右脚前面，再把右脚放在左脚前面……如此重复着，可能跑的年限久了，身体的耐力被锻炼了出来，我竟然坚持跑完了全程！

整个人将近虚脱，我却感觉前所未有的舒畅。也就是从那一次体验开始，我觉悟到：当你不遗余力地去做某件事时，你肯定能做到。从那以后，我做事的目标感更强了。

生活中要做到不遗余力，难也不难。

说不难，是因为如果你热爱一件事情，就会下决心去做好它。说难，是因为人都有惰性，往往我们不愿意使出十分的力气去做一件事，更何况是十二分。

你有多久没有不遗余力地做一件事了？

3

菁姑娘是一家出版社的编辑，虽然她年纪不大，在职场上却是飞快前进，远远超越了大多数同龄人的成长速度。

因为工作关系，我结识了菁姑娘。闲聊中，也得知了她的故事。

刚入职场那会，菁姑娘什么都不懂，就连最基本的出版流程，都是懵懵懂懂的。也难怪，她原本是广告专业的毕业生，进入出版社属于跨行就业。

应聘工作时，菁姑娘跟 HR 保证一周内就能上手。

为了兑现这个承诺，入职第一周成了"魔鬼周"。菁姑娘晚上从没

第二章 你独当一面的样子真的很酷

在两点之前睡过,早上七点准时醒,一天将近二十个小时的工作量,还和同事们交流以对岗位有更多了解。

转正后,菁姑娘也没有停下来,经常主动加班。加了无数次班熬了无数次夜,她已经很久没有过假期。终于完成了任务,她一身疲惫,倒头便睡。这样的辛苦换来的是,她做了一大批拿得出手的畅销书。

"会不会觉得累?"我问。

她笑着回答:"我不觉得我是在加班,我只是想把一件事情做得更好。"

我也曾有过类似的体验,那是一种忘我的状态,那是一种执着的状态!特别美好!

凭借着不为人知的努力付出,菁姑娘获得认可。如今她独自管理着编辑团队,手上操盘着上百万元的项目,却没有丝毫的放松。

全力以赴到筋疲力尽,我喜欢菁姑娘专注的样子,真的很迷人。

唯有竭尽全力去努力,才是成长的唯一途径,也值得被赞美。

为什么做同一件事,你怎么努力都做不好,而有人却做得出类拔萃?

为什么你工作多年依然毫无建树,而有人却成为独当一面的佼佼者?

……

就是因为,有人战胜了与生俱来的惰性,竭尽全力去付出,不含糊、不敷衍。

很多人做到80%就停止了,并且认为自己很努力,而有人却做到了120%的努力。哪种结果更好?不言而喻!

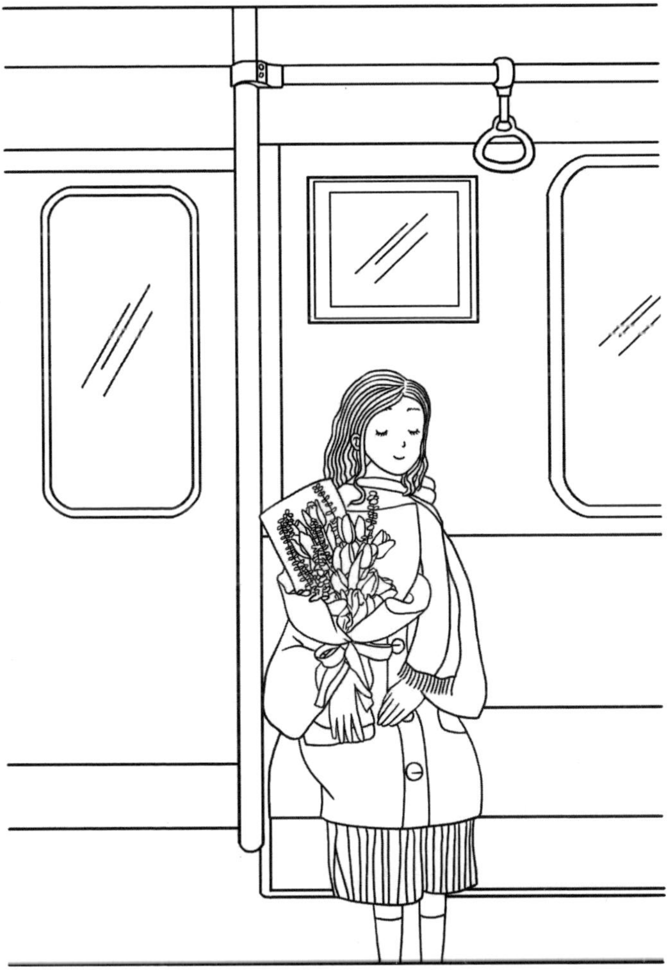

没有一次成败，能决定成长的输赢

1

最近艾琳一直在找工作，但她不知道自己应该做什么，从前的骄傲，对自己的认可，如今似乎变成了一个笑话。

"为什么会这样？""我到底做错了什么？"无数个深夜，艾琳喃喃自问。

艾琳原是一家互联网公司的客服，她性格开朗，待人真诚，在公司很受同事们喜爱，那些年她的发展不错，一直坐到办公室主任的位置。

厌倦了朝九晚五的工作，艾琳决定"下海"从商。

家人听了艾琳的构想，出于对她的理解和信任，非常支持。于是乎，艾琳在小区附近盘下一家门店，开始了创业生涯。

第二章　你独当一面的样子真的很酷

经过一番衡量之后，艾琳加盟了一家童装品牌店，光加盟费就10万，在总部的怂恿下她进了5万的货，拿到地区总代理。

设计店面装修、学习销售术语、搭建网店……艾琳每天都充满了斗志。可开业一个月有余，店里仅仅出了十来单，网上也一点人气都没有。

和朋友出去喝茶，当着朋友的面，艾琳大哭了一场，"我一直都过得顺风顺水的，怎么也没想到，现在居然栽这么大个跟头。"

"你再好好想想，怎么营销一下。"朋友建议道，"生意都是要慢慢养的。"

"我没有信心再折腾了，还是乖乖重返职场吧。"艾琳哪里听得进去，"这些钱不只是我辛苦攒出来的，还有父母的养老钱，再继续下去，恐怕我就赔光了。"

现在，艾琳的店铺已经基本停止运作，她正想办法转让给别人，能收回一点是一点。当初的热血、激情、梦想，似乎也被浇得只剩下一丝了。

生活中，每个人都想不断成功，女人亦是。但许多事不是轻轻松松就能成功的，总会有些事让你看不到成功的希望，一次次被尝试后的失败打击。

这并不是最可怕的事情，最可怕的是，你在打击之后选择放弃，那你就真的失去变得更优秀的可能了。

2

已经有七八年的时间，我都会定期到某商业街的同一家理发店做头发。每次固定给我做头发的，是这家店的技术总监，叫阿岚。

阿岚性格随和，说话温柔，技术也过硬，所以找她做头发的人特别多，每次都要提前和店里预约。好在我和阿岚已经成了朋友，所以不用专门预约。

记得第一次来这家店做头发时，阿岚还是个新来的洗头工，只要一和别人说话她就会脸红，吹个头发都笨手笨脚的，还不小心把洗发水洒在我身上。

"姐姐，对不起！对不起！"阿岚慌乱地给我擦着，一个劲儿地道歉。

看到她的自责和紧张，我赶忙安慰道："没关系，没有谁天生工作就得心应手的。你不用太紧张，慢慢就熟练了。"

店里其他几个小姑娘小嘴特别甜，而且很伶俐，总能哄得顾客高兴。而阿岚话不多，而且笨笨的。也许是她对做头发不开窍，两年下来依旧是个洗头工。

有一次和理发店老板聊天，我随口提起阿岚。

"她在做头发上天分不高"，老板笑着说道，然后话锋一转，"但她很踏实，肯吃苦。当初和她一起进来的那些女孩要么是小工、中工、大工，要么早就拍屁股走人了。就她原地踏步，而且乐此不疲。"

第二章 你独当一面的样子真的很酷

后来，我问过阿岚是否喜欢理发这一行业。

阿岚一反往日的羞涩，清楚而大声地回答："我喜欢。姐姐，你知道吗？我从小就想做顶尖的发型师。虽然我比较笨，但是我不会放弃的。只要老板不撵我走，我就会一直坚持下去的。"

阿岚的这番话，让我很震惊也很佩服。

那之后，由于我怀孕生子，有段时间没再去。一年后我再去时，阿岚已经是中工了。她还是那么羞涩，每次去我都会给她练手的机会，她也不负我所望，经常给我变换发型，既适合我的形象，又能赶上潮流，朋友们都争相问我头发在哪做的。

接下来，阿岚的成长我都看在眼里。几年下来，她做到了总监。

每次介绍新发型时，我都会把阿岚的故事讲一遍，因为，我在她身上看到了一个真理：这个世界是宽容而仁慈的，它允许你的年轻懵懂，它给予你时间，让你慢慢变好，前提是你不能认输。

3

工作之后，我有幸遇到了一位一直帮助和引导我上进的前辈——陈姐。

陈姐是一个神采奕奕的女人，走路带风，小小的个头却迸发出蓬勃向上的力量。这些年，她经营着一家商贸公司，在业内的名气和口碑都不错。

我一直以为陈姐的人生应该是很顺遂的,有一次闲聊中却听她无意中提到,人生中一些不幸的意外遭遇。

考研两年都以失败告终,直到第三次才成功;

好不容易在一家大公司站稳脚跟,又不幸经历裁员,不得不重新找工作;

决定自己创业,结果前两次创业也都失败了。

后来她还学过酿酒,可还是没有赚到钱。这件事成了一个笑话,在别人的眼里,她是一个想发财但又非常愚蠢的人。身边的亲朋好友好言相劝:"你一个女孩这么折腾做什么?安心工作嫁人多好。"

但是不甘失败的她一直不认输,一路跌跌撞撞地前进着,一次次冲破人生的桎梏,最终漂漂亮亮翻身,完成人生的重大跨越。

"你一次都没有想过放弃吗?"我好奇地追问。

陈姐潇洒地回应道:"一直不认输,你就赢了。"

当时的她坐在宽大豪华的老板椅上,喝完了手里的一杯玫瑰花茶。然后,她把玻璃杯轻轻地握在手里,反问:"如果我松手,这只杯子会怎样?"

"摔在地上,碎了。"我毫不犹豫地回答,同时疑惑她为何问这种问题。

"那我们试试看。"陈姐笑着说。

随着她的手一松,杯子掉到地上,发出清脆的声音,但并没有破碎,

第二章 你独当一面的样子真的很酷

而是完好无损。她说:"这只杯子不是普通的玻璃杯,而是用玻璃钢制作的。"

那一刻我突然懂了,陈姐说的不仅是杯子,也是人生。

陈姐笑着说:"我想要一个美好的未来,还有多少艰辛的路要走我不知道,我知道的是,身为女性,我本强大,不会轻易认输。"

不甘认输的姑娘才是好姑娘,多一次坚持就多一分变优秀的可能!

这个世界本就没有那么容易,不过好在它从不亏待真正努力的人。不要气馁,一步地走下去,不到最后一刻,不要认输。如此,未来满怀期待。

这世上没有怀才不遇这回事

1

当阿萱拿着离职证明踏出公司大门那一刻,她的心就像掉进了冰窟窿!

仰望着眼前的高楼大厦,她苦笑着:"这次还是来也匆匆,去也匆匆。"

毕业至今两年有余,阿萱已经断断续续换了四五份工作,而所有的原因都大同小异,自己多么优秀,而老板、同事或客户多么没眼光等。

学生年代,阿萱是个很优秀的姑娘,不管在学生会还是社团,都任过一把手。毕业之后,她顺利进入一家500强企业。为了好好表现自己,她总是过于急功近利,常常得罪了部门的人也全然不知。融入不了集体,

第二章 你独当一面的样子真的很酷

沟通不顺畅,结果这份工作只维系不到半年时间,她便无奈地辞职了。

第一次辞职的时候,阿萱发了条朋友圈:"所谓的怀才不遇,也不过如此吧!"

后来,阿萱又辗转了几家公司,情况大多与第一家相同。最近这份工作其实不错,杂志社的编辑,那么光鲜靓丽,大家都以为阿萱会安下心来,谁知她还是毅然把老板给"炒"了,导火索则是在一个会议上的意见分歧。

在会议上,阿萱针对某 人物专访设计了几个方案,但包括社长和部长在内的人几乎都不支持她的想法,她索性半途退出了讨论,留下几个高层面面相觑。

"我尽心尽力,彻夜通宵整的东西,却不被认可。"阿萱一提起这件事来就满肚子的委屈和不满,"这怨不得我,这些人太low,没有什么真材实料。待在这,还不如去找一个能真正看到自己实力的地方。"

阿萱一直都觉得自己被低估了,所谓怀才不遇的想法,一天也没有消停过。

她哪里知道,当一个人的能力不足时,根本就没有资格说怀才不遇。

2

在生活中的某个瞬间,你可能也会有怀才不遇的感觉。

某个同事明明能力不如你,却晋升得比你快;

那个情商基本为负的朋友，却混得比你好；

那个女主播，要颜没颜，要才没才，却粉丝千万，月入百万；

……

而你，有相貌，有才华，有能力，却找不到施展的平台。

然而可怕的真相是——很多时候，不是你怀才不遇，而是你怀才不够。

我曾在一家报社实习，刚来单位的时候，我心比天高，发誓一定要混出些名堂。谁知，领导却安排我做审稿的工作，就是一字一句地阅读，找出其中的错误。

我觉得自己被大材小用了，根本不屑于做，总是敷衍了事。

其间，我还曾指着报纸上的一篇稿子和朋友说："你看到了吗？老员工写得这么烂，我的水平比这强多了，但却没有机会，真是愁死了。"

有次其他同事都有外访任务，报社突然接到一则紧急新闻。我自告奋勇，可是采访完之后，突然发现自己根本不会写稿。不是逻辑不行，就是结构有问题；不是语言不行，就是风格有问题。

这一刻，我终于意识到自己的水平存在极大问题。

我一直抱怨自己怀才不遇，没有成为自己想要的样子。原来，只是因为我本身就无才，或许是少了谦逊学习和脚踏实地的态度。

第二章　你独当一面的样子真的很酷

3

在很多人眼里，玮玮的人生一直都是开挂的。

她从广西小县城的普通高中，直接被保送到北京一所著名高校；

在校期间，所有可拿的奖她都拿到了，包括省优秀毕业生和国家奖学金；

毕业后，她顺利面签到深圳一家很好的公司工作；

现在，她创立了一家在线教育平台公司，有人投资入伙，目前已经估值过亿；

……

当别人羡慕玮玮总有贵人相助时，玮玮都会笑而不言。

"如果我说，我的贵人就是我自己，大家会相信吗？"

的确，玮玮的人生不乏贵人相助，但最重要的是，她值得。

无论学习，还是工作，她做事的时候总是认真又负责，从不会马马虎虎应付了事。所有经她处理的事情，都不会出现纰漏，也不会出错。

她从不吝啬于展现自己，无论是学校活动，还是日常工作，她都敢说敢想，让更多的人了解自己，给自己更多的表现机会。

比如，有一次公司要和一家外企合作，对方领导听不懂中文。公司打算安排英文好的人进行谈判，玮玮第一时间毛遂自荐。当领导同意后，其实她有些紧张。毕竟大学毕业之后，她就没怎么用过英语了。

但为了顺利拿下项目，玮玮重新学习起英语。那段时间，当同事下班后，她便面朝空无一人的会议室，声情并茂地演练英语口语，好似面前坐满了听众那般投入，好似她就是全场主角那样自信。

最后，玮玮不仅成功地说服了客户，也获得了领导的赏识和重用。

优秀的人自有优秀的道理，与其抱怨自己怀才不遇，不如认真地去做好每件事，努力地创造展示自己的机会。

当你的"才"慢慢凸显出来，你就一定会得到重用。

事不宜迟，你，准备好了吗？

第三章

放轻松，焦虑并不能让生活变得更好

一个姑娘不仅要拥有得体而精致的外表，

也要有丰富而强大的内心，

其秘诀在于放平自己的心态。

你为什么不想长大

1

翻看朋友圈动态时，一个刚毕业的学妹引起了我的注意。

"我不想我不想不想长大，长大后世界就没童话。"这是她最新的一条动态，一句简单的歌词，后面配了一副大哭的表情。

出于对学妹的担忧，我留言询问她的近况。

学妹给我留言："学姐，毕业后的生活和自己设想的反差好大，内心好纠结。"

这种感觉我懂，许多人都曾如此。我问她，是遇到什么问题了吗？

很快，学妹洋洋洒洒又发来一大段文字：

第三章 放轻松，焦虑并不能让生活变得更好

以前在学校时，生病了可以和老师请假。现在不行，手里负责的工作没做完，领导不会体谅你是不是身体不舒服，他们更关注工作做完了没有。

以前喜欢什么想买什么，跟爸妈要就可以了。现在什么都要自己赚，房租、车费、话费、餐费等，一份工资掰成好几份，根本攒不起来。

以前累了就好好休息几天，现在每天加班到深夜，安慰自己等完成了这个项目就能休息了，可当你完成了这个项目，还有下一个项目。

……

学妹说了很多，最后总结出一句话："长大真是太辛苦了，我不想长大。"

听到这里，我明白了学妹为什么不想长大。她不是不愿放弃童趣，而是害怕面对困难。如果不长大，就能无条件被保护。而如今，不仅要独自面对人生，还要承担更多的责任，抗下生活给予的一切。

沉默了一会，我回复道："成人的生活一直是这个样子。你已经大学毕业了，是个成人了，就要像成人一样面对生活，往后让你叫苦的事儿还多着，你必须让自己提前强大起来，才能更好地应付各种状况。"

有些困难，也许会让你吃尽苦头，却也能让你羽翼渐丰。

2

越临近毕业，小茉的内心越迷茫，她不知道自己该做什么。她不喜欢自己的会计专业，她喜欢艺术但毕业后却养不活自己。

那段时间，失眠和焦虑成了生活的常态，心情更是跌落到了谷底。

眼见其他同学陆续找好工作，小茉却还没有投出几份简历，更别说参加面试。问及原因，小茉吞吞吐吐半天才开口："我老是做噩梦，梦到自己去应聘工作，什么也不会，太可怕了！我不想离开校园。"

直到接到离校通知，小茉才不得不搬出来。一个人跑了几天把房子敲定，又开始一个人打扫，搬家。没有亲戚同学，周围的一切都是陌生的，她感到心烦意乱，甚至无所适从，如同世界都崩塌了。

可是紧接着有一句话在心里响起来，那是临走时辅导员再三叮嘱自己的："无论如何，你都终将走向社会，逃避只能延长并恶化这种适应期。"

这句话从内心的深处涌来，然后变得越来越有力量。

半夜爬起来，小茉擦干眼泪，打开电脑，开始制作简历，浏览招聘信息，筛选，投递，一直到天亮！连着几天，她打了很多电话，跑了很多公司去面试。

虽然中途经历过紧张无措，遭遇过无情拒绝，但小茉还是积累了不少的应聘经验，渐渐也开始清楚她现在的任务就是养活自己，在工作中

第三章 放轻松，焦虑并不能让生活变得更好

锻炼自身的能力。只有自己足够强大了，才有资格去谈理想。

应聘到一家公司做会计后，小茉不再焦虑，不再害怕，她总是抢着脏活、累活做，业余时间还经常向老员工请教经验，业务上越来越娴熟，那种自信看着让人赏心悦目。

那些从挣扎到不得不接受，再到享受的过程，让她成长，并读懂了自己！

进入成年人的世界，并不是你选择了逃避，问题就会消失。其实，遇到问题的时候恰恰是我们成长的契机。

虽然成长的滋味并不好过，但就像凤凰只有在烈火中燃烧才能重生一样。你体会了人情冷暖，你学会了独当一面，你对生活能游刃有余……你成长了。

3

我的少女时代，幸且不幸。

幸福的是，在父母老师的关怀、教育、引导和帮助下，从小到大我都是班里的优秀生，获得了许多荣誉。

不幸的是，在竞争激烈的人口大省，我快乐地被应试教育摧残着，从未出去看看。

上大学，算是我第一次真正地离开家门。

怀揣着憧憬步入大学，我看到了校园的精彩和美好，也看到了自己

和别人的差距。身边的同学多才多艺，比如街舞跳得好，唱歌唱得好，设计水平高，而我除了成绩好点，似乎什么都不擅长。当时，我被一种深深的焦虑感侵占内心。

以前的我，以为学习成绩好就是优秀，现在才认识到，真正优秀的大学生，不只是考试分数高，而应该全面发展。

都说不知者无罪，这是一种怎样的悲哀？如果没有走出去看看，我或许一辈子都如井底之蛙一般以为自己很优秀。

逃避吗？不，我渴望被别人关注，渴望能够发光发热。

经过一段时间的调整，我开始行动了。除了专业学习和阅读以外，我进入了学院社联的宣策部，主要负责学院活动的策划和宣传。在那里，我结识了诸多多才多艺的同学，也拥有了上台的机会，宣介会、学生干部大会、新老生交流会等都有我的身影。

起初上台我总是会紧张，脸红心跳。渐渐地，上台次数多了，我开始变得自信坦然。当然，这也在于我事前会认真准备发言稿，反复修改，多次练习，直到熟练为止。

毕业生晚会上，我受邀作为毕业生代表上台发言，聚光灯下的我自信满满，胸有成竹，我想那是我二十多年来最美的模样。

也就是从那一刻开始，我不再拒绝长大，也认识到，成长是一个积极正面的词语，它固然会遇到各种苦难，但也有很多好处，比如，站在更高的一个角度看自己，能够为自己做决定，拥有自己的空间等。

第三章 放轻松，焦虑并不能让生活变得更好

有一句话说："蝴蝶飞不过沧海，但雄鹰能。"

雄鹰飞越沧海，靠的并非雄心壮志，而是强有力的翅膀。放轻松，焦虑并不能让生活变得更好，不如抓紧时间，去练就一双老鹰的慧眼和一对强壮的翅膀。

这不是心灵鸡汤式的口号，而是想要提升自身实力的每个姑娘都要做到的事。

不焦虑,重新认识你自己

1

"我厌恶这个该死的工作,上班如同上坟一样痛苦。"发表这番言论的是,才貌双全的美女程序员葛君。

葛君毕业于著名计算机类专业大学,一上大学她就埋怨自己进错了行业,"CSS、Java、PHP、ASP、C#,又枯燥,又麻烦,这根本就不适合女孩子学嘛",但考虑到计算机类专业就业面广,她只能忍耐坚持。

毕业时葛君顺利被一家 IT 公司录用,女程序员在办公室还是很受欢迎的,但葛君感觉上班的每一刻都充斥着痛苦,"一个走神,敲错几个符号,就会让自己在修改 bug 时头疼不已,而且经常加班加班加班"。

"如果真这么痛苦,你可以换份工作啊。"有人建议。

第三章　放轻松，焦虑并不能让生活变得更好

葛君摇摇头，说自己当初学的就是这个专业，付出了那么多，现在放弃这份工作，以前的努力岂不是白费。于是她继续选择死扛。

而葛君的坚持依然没有进展，这些年她的工作进展缓慢，职位也没有什么提升，眼里满是"何必当初"的绝望，觉得自己什么都做不好，特别焦虑，特别抑郁。

如果一件事让你做得烦心，无非就是，这件事你既不喜欢，又不擅长。而这，就是葛君的问题所在。因为事情不擅长，所以做不好；越做不好就越不想做，越逃避就越做不好。

2

最近佟彤打算离职了，这一想法埋在她心里已经很久了。

佟彤是某外贸公司的秘书，每天坐在宽敞明亮的办公室，不用风吹日晒，工作也不算太累。按理说，这是许多女孩梦想的工作。但佟彤性格外向，大大咧咧，在办公室超过一个小时她就如坐针毡。

这一点，让她深感做秘书工作的吃力和不爽。

"可是这家公司是我当初经过层层面试才进来的，又很有发展前途，要是就这么走掉太可惜了。"佟彤想来想去，决定调换一个新工作。

做什么好呢？佟彤开始有意识地观察自己，分析自己的能力，为内部跳槽做准备。经过一番慎重的衡量，她想做挑战自己的工作，而且她自认为口才和演讲还不错。

这时，公司急需一批商业谈判人才，于是佟彤大胆地请求老总将自己调到了销售部，开始尝试着在谈判桌上办公。

佟彤思维缜密、善于分析，不久便如鱼得水，应付自如，赢得不少客人的称赞，职位和薪水均得到了提高。

做自己不喜欢也不擅长的事情时，我们很容易有种走入死胡同的感觉，于是焦虑、不安、绝望等。然而，这些都只是错觉。

对于很多人来说，不是缺少才能，而是缺少对自身才能的发现。也许现在的你很羸弱，很平庸，但只要你对自己进行重新定位，一切都有改变的可能。

3

小雅学习成绩不好，尤其是数学，经常不及格。意识到自己不是学习那块"料"后，她在高中时毅然选择了美术特长班。

对于美术，小雅是发自内心的喜欢。自习课上，她经常低着头偷偷在纸张上作画。只需寥寥数笔，一个个形象便跃然纸上。

因为美术特长，小雅弥补了文化分的不足，取得了不错的高考成绩。而这项特长，也成就了其成功的事业。

大学毕业后，小雅进入一家建筑公司做设计师。她理论功底扎实，实际经验丰富，设计风格多元化，她的作品总有着别致的味道。

当然，领导对小雅也非常器重，给了她很好的薪资待遇，还打算晋

第三章 放轻松，焦虑并不能让生活变得更好

升她。"下半年，设计主管要休产假，我打算让你来，毕竟管理层地位更高，薪资更高。"

按理说正常人听到这种消息都会高兴不已，但小雅却锁着眉头沉思片刻后拒绝了："谢谢领导对我的认可，我知道自己几斤几两，管理工作我做不来。"

许多人觉得小雅人傻，替她感到惋惜。

但小雅不以为然："我真不擅长管理，我不喜欢对人发号施令，尤其不爱当众讲话。让我每天对着一群人说几句话，还不如让我对着电脑工作一天。"

就这样，小雅依然留在设计岗位。她一心一意地做设计，业余时间则通过读书、旅游等寻找设计灵感，渐渐成为更出色的设计师。

"对于我来说，工作本身是一种享受，在享受工作的同时，还能实现自己的价值。"

小雅将事业做得风生水起，而且身心愉悦，是她的工作轻松吗？不，她只是选择了自己喜欢又擅长的工作。

同样一份工作，为什么别人做得顺舟顺水，你却步履艰难？为什么你能力出众，却难有作为，甚至被淘汰出局？

别焦虑，放轻松，先问问自己，你清楚地认识和了解自己吗？

根据自身的才能、兴趣、条件等确定发展方向，做喜欢并擅长的事情，不仅能帮你摆脱当前的困境，而且还会让你发现未来有千万种可能。

没人真的无所不能，焦虑并非一无是处

1

凌晨一点左右，我正睡得迷迷糊糊，手机突然响了。

"失眠了，出来陪我聊聊天。"

电话是好朋友唐悦打来的，听到那边沙哑的声音，我很快穿上衣服，来到约定的小酒吧。见到唐悦我才知道，就在昨天，她刚成立半年的公司宣布破产，解散了团队……

对此，我感到非常诧异，因为据我了解，唐悦每天奔前忙后，忙碌又疲惫，对这次创业可谓鞠躬尽瘁。而且当初招聘人才时，我不仅给她提供了不少岗位建议，还推荐了几个可靠的人选。资金到位，人才到位，再加上辛勤的努力，按理说这样的公司没有理由这么快就破产。

第三章 放轻松，焦虑并不能让生活变得更好

看出了我的疑问，唐悦叹了一口气说："原因很多，最主要的是公司大小事情都需要我操心，每项工作都需要我安排。每天早上一走进办公室，门口就有好几名下属排队等候找我签字，或者请示。"

我听了反问："有些事为什么不交给下属去做呢？"

唐悦一听，立刻焦躁地说："这个项目很重要，交给他们，我更担心搞砸。"

我无奈地看着唐悦，淡淡地问道："扪心自问下，你将公司管理得真的很好吗？"

唐悦摇摇头说："我搞得身心俱累不说，很多事也做不到位，所以到手的项目搞砸了。"

"就是因为你什么事都管，才什么事都管不好。"我直言不讳地说，"毕竟没有人能无所不能，男人如此，女人也一样。"

唐悦听了，若有所思又哑口无言。

唐悦是一个不折不扣的女强人，她整天忙得不可开交，但没有人是三头六臂无所不能的，即使再优秀的人时间和精力也是有限的，也不可能将所有的事情都做到十全十美。她事无巨细，事必躬亲，一管再管，如此势必导致身心俱疲，公司运营困难重重，创业失败是必然的。

何必呢？努力让自己放轻松吧，我们不必追求全方位的完美表现。

2

有一段时间，我曾深陷于焦虑情绪。

当时我初为人母，除了白天照顾精力充沛的小家伙，经历各种花样的折腾之外，还要处理稿件的各种事情，负责做饭、洗衣、打扫房间等琐事，我总是暗示自己：时间紧张，必须做完所有该做的事情。

一天马不停蹄地做下来，我经常累到筋疲力尽，每一天都充满了焦虑。"我多希望自己能够成为女超人，可以不睡觉不休息，家庭事业面面俱到。"

我能成为女超人吗？那当然只是幻想。

人的精力和能力总是有限的，一想到每天做不完的事情，我的内心就觉得憋屈，看什么都不顺眼，总是动不动就为小事发脾气。

当我向好友苏青抱怨连连时，她一脸诧异地说："没想到，你也活成了怨妇。"

我是怨妇吗？看着镜子中那个两眼无光，一脸怨气的女人，可不是嘛。

苏青看我出神儿了，便说："明天是周末，我请你去泡温泉。"

"我哪有心思泡温泉！"我脱口而出，"我每天都快忙死了！"

"你就忙着四脚朝天地变怨妇呀？"苏青毫不客气地说，"要你工作的时间多得很，要你当妈妈的时间也多得很，你一天不收拾家也不会

第三章 放轻松，焦虑并不能让生活变得更好

丢，何必把自己搞得这么焦虑呢！"

我默默听着苏青的话，觉得这些话很有道理。于是，第二天将小宝交给休息的爱人，和苏青去泡了一次温泉，没有家务，没有工作，心情格外舒畅。就像一束光，照进身体，将每一个角落都照亮。

回来后，趁着小宝午休的时间，我不再忙着写稿，忙着做家务，而是给自己安排了一小时的休息时间，看喜欢的书或期待已久的电影，泡杯好茶坐在阳台上看风景。渐渐地，我发现时间慢下来了，当我再次坐在电脑前码字时，内在是坦然轻松的状态，带娃的疲惫早就消除了。

从此，一切都变得不一样了。

到底是什么发生了改变？细细分析，以前的我总是安排自己做许多事情，生活紧张而有压迫感，内心充满焦虑和烦躁，也很难体验到自我价值和生活乐趣。后来，当我尝试着让自己放松下来，允许自己偶尔"偷懒"，允许自己不去追求完美，整个身心状态变得愉悦而轻松。

从此我记住了，你只是和芸芸众生一样再普通不过的女人，凡事不可苛求。与人无争，与己有求，但并无奢望。

3

M小姐决定辞职开店，她左挑右选了半年，最终选择了瓦罐汤项目。

许多朋友担忧，只做煲汤会不会太单一，最好多做几个品类，生意多样化竞争力强。

M 小姐笑着回答:"面面俱到没那么好,况且,通常我们也做不到。"

半年后,我受邀前往一饱口福。到了那里,我惊奇地发现,M 小姐的店面虽不大,生意却非常红火,几乎每个桌子都坐满了客人。据说,天天如此,半年营业额已达百万。

"店里人气真好!"我由衷地感叹。

M 小姐指着店面中央,那里放着两个引人注目的大坛子。"看到了吗?原料罐就放在那两个大缸内,以木炭火恒温煨制,密封不溢,营养、香味都浸在汤里了。"

到了二楼会客厅,M 小姐让服务员端来一碗热腾腾的煨汤,舀上一勺细抿,滋味浓美,一阵清香便在舌尖氤氲开来,让浑身的毛孔都觉得非常舒服。

说起自家产品,M 小姐侃侃而谈:"瓦罐汤之所以鲜浓无比,妙处在于原料,我们精挑细选优质的鸡、鸭、猪肉、香菇等原料,配上当归、海马等名贵药材,再加入天然泉水,好原料才有好口感。

"再加上,瓦罐具有吸水性、通气性和不耐热等特点,我们会用硬质木炭火恒温六面受热,在瓦罐内长达七小时低温封闭受热,这样就可以让物料养分充分溢出,煨出的汤鲜香醇厚,滋补不上火。

"虽然看起来只是一碗简单的汤,但不同的原料有不同的功效。比如,煨制冬瓜排骨汤时,可以加入海带、墨鱼等配料,有排湿祛毒之效;煨制鸡汤时,可加入红枣、花生、莲子、人参等,有美容养颜

第三章 放轻松，焦虑并不能让生活变得更好

滋补之效……"

没想到一碗汤，居然有这么多学问。

所谓功夫做足，说到底就是用心对待食物和客人，如此，生意哪有不好的道理？而这，正是 M 小姐成功的秘诀所在。

《春娇与志明》里有句台词我很喜欢："我们又不赶时间，有些事，不必一夜做完。"

我们是人，不是女超人，更不是机器。不必大包大揽去做太多事情，更不必因此浪费时间和精力去焦虑，相反，我们可以微笑并乐于做自己现在能做的事情。

在有限的时间里做有限的事情，哪怕只做一件事，将它做到精细，这就是了不起了。

做时间的朋友，选择适合你的团队共同成长

1

"如果你想获得内心的安宁，你只需要妥善处理好与他人的关系就好了。"看着书中这句话的婷子，此时的内心却无片刻安宁……

上个月她到一家新公司上班，她思维敏捷，做事也干脆利索。但在月底的全体人员互评活动中，她的分数最低。

"你尚未学会团队合作，如果下个月还是如此，那么就请走人吧。"领导刚给婷子下过最后通牒，最后又补了一句，"虽然我挺看好你，但我也没办法。"

婷子很能干，也很独立。在她心里，做好自己的工作就可以了，人际关系不是那么重要。工作中遇到问题或困难时，她总会想着自己解决，

第三章　放轻松，焦虑并不能让生活变得更好

而不和其他同事商讨对策。

"我怎么是不会团队合作？我只是不想麻烦别人。"此时婷子内心特别迷茫，满腹的疑问，"为什么大家都不领情呢？"

"如果你认为你做的都是对的，为什么会是这样一个结果？"朋友说道。

婷子脑海里浮现出新公司的一幕幕场景……

"这个软件和我之前用的不太一样，到底怎么用？"婷子对着电脑上的一个新软件无从下手，"算了算了，不麻烦别人了，我重新下载一个旧版本吧！"

当婷子坐在电脑前苦思冥想新方案时，有同事主动走过来询问："是不是没有思路，要不要我帮你一起想想？"婷子坚决地摆摆手："不用了，谢谢你！"

明明请教别人一句，五分钟就可以解决的问题，她宁愿坐着浪费一小时，最终造成工作效率低下，而且显得自己性格冷僻。

就这样，同事们对婷子的印象自然不会太好。

职场上，即使你再有才华、再有能力，也千万不要信奉靠自己就能取得成功，不肯或者不屑于同别人合作，凡事习惯单打独斗。因为，没有人可以完全脱离别人而单独完成一项工作。

若想获得更好的发展，你要么组建一个团队，要么加入一个团队。

2

刚进广告公司工作时，领导对我说："我要给你安排一个重要的任务——由你全权负责一家合作企业的品牌推广方案。"

"我？我还很不成熟，虽然我很愿意担此重任，但实在怕有负重托！"虽然我对自己的能力充满信心，但是我深知这个担子有多重——企业品牌宣传绝不是一个人的能力能应对的。

听到我的言辞，领导说了一句话："我知道单靠你一个人是不现实的，不过我们有一个成熟而团结的团队，这是我们的优势。如果你能充分融入进来，和同事们好好配合，还有什么困难不能战胜呢？"

我一下子豁然开朗："对呀，我怎么光想到自己，没想到和同事共同合作呢？"

接下来，我找到公关部的同事一同拜访企业，详细了解企业的发展史、产品种类、企业文化等。市场部的同事告诉我："这家企业的老板常做慈善，你可以适当加入一些相关内容。"我点头称是。

然后，我又找到调研部的同事了解情况，同事告诉我："该企业的产品比较有创新性，而且重视技术，我建议我们的推广在这方面多下功夫。"我回答："谢谢，我会向着这方面努力的！"

其间，我和策划部三个同事一起商议，在头脑风暴的时候彼此激发灵感，提出了更多的想法和思路。

第三章 放轻松，焦虑并不能让生活变得更好

最后，我和设计部的同事团结协作，将推广方案设计得更新颖，富有视觉冲击力。

结果自然是好的，我们的品牌推广方案获得了甲方公司的认可。

在职场上打拼，每个人都不是单枪匹马的侠客，更不是一个人在战斗。与其找没背景、没资金、没人脉等借口，不如学会团结一切能团结的力量，充分调动一切积极因素，实现资源的最佳配置。

3

没有完美的个人，只有完美的团队。这一点，你必须早早认识到。

高昕是我的朋友，我们已经认识两年。她是个90后女孩，经营着一家服装店。

一开始，在公共场合里，高昕的情绪总是有些低落。至于原因，用高昕自己的话说："我有三个不擅长：不擅交际、不擅言谈、不擅应酬，根本不像一个做生意的人。"

这种低落情绪使得高昕产生自我质疑的心理，质疑自己的交际能力，质疑自己的工作能力等。随着她的质疑越来越深，情绪也越来越不好。

但后来，高昕的生意做得风生水起，而这要归功于她有一个对的"小团队"。

由于性格原因，高昕做事比较保守，这在不少生意人看来是比较不妥的。怕被笑话，怕引来难堪，她在同行面前很少表达意见。

但后来通过网络，她结识了一个创业小团队。在这个"小团队"，大家都比较注重理性分析，所以高昕能毫不遮掩地公开探讨问题，从此不再害怕面对问题，心灵也得到慰藉，这种归属的感觉很棒。

更重要的是，在团队的同心协助下，对一个问题总能从多个角度进行解读，这种"头脑风暴"总能带来更多的思想火花，帮助高昕捕捉生意机会，很少发生失误。

并不一定要找最优质的团队，但一定要找适合自身的团队。只有志同道合的人聚在一起才会相得益彰，只有思想相容的人聚在一起才会旗开得胜。

如果你能有合适的团队一起合作，那前进的阻力无疑会小得多。这样，一个人有限的力量也会被无限放大。

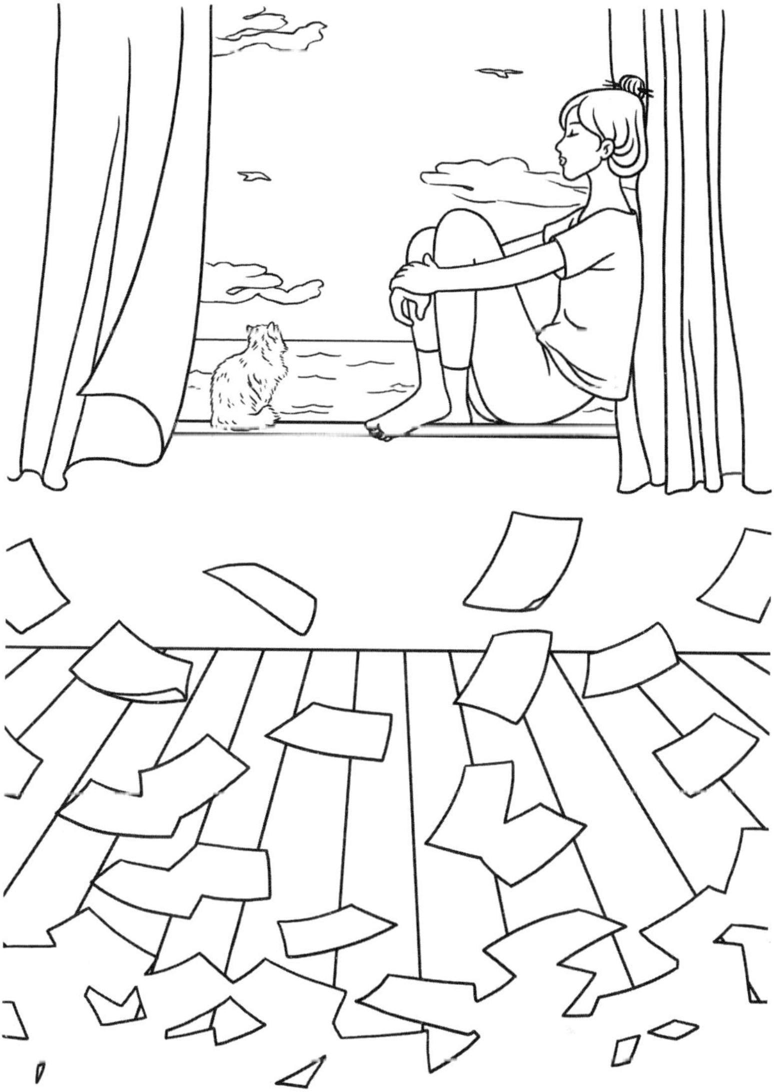

未来那么长，你要学会承担责任

1

我不曾想过，身边会出现一位知名姐妹，她的事迹曾被诸多媒体争相报道。她叫丽君，是一名医院的医生。

2012年国庆节，丽君坐火车返乡探亲，当时她正在省城某医院实习。在列车行驶过程中，一节车厢传出一阵痛苦的呻吟。大家循声望去，看到一位年轻的孕妇，她出现了临产的征兆，痛苦使她的身体扭作一团，蜷缩在座位上。坐在她身边的丈夫神情紧张，赶紧向列车长求救。

孕妇羊水流了许多，而列车离最近的一站也要行驶一个多小时，孕妇已经等不及到医院了。很快，在列车长的安排下，年轻的孕妇被抬进了用床单隔开的临时病房。丈夫焦急地告诉列车长，妻子以前难产

第三章 放轻松，焦虑并不能让生活变得更好

过一次，孩子没保住。情况危急，列车长迅速广播通知，紧急寻找妇产科医生。

丽君赶往临时病房，见到列车长和孕妇时，她小声说自己是一名妇产科的实习医生，可是参加工作不到一个月，还没有接生过，对接生的认知仅局限于教材。

列车长郑重地对丽君说："你虽然只是一个实习生，但在这趟列车上，你就是医生，你就是专家，我们相信你。"

丽君深深地吸了一口气，当即给实习医院的医生打电话，并和列车长要来白酒、毛巾、热水、剪刀等。什么都准备好了，只等关键时刻的到来。

差不多半小时后，在医生的电话辅导下，丽君协助孕妈妈生下一名男婴。

"你从来没有接生过，当时是怎么做到的？"我追问。

"责任！其实我可以不过去，但医生的责任让我站了出来。而且作为一个学医的人，我应该担负起这份责任。"丽君回答。

很快这一事迹被媒体报道出来，获得诸多的支持和赞美，丽君也因此被称为"最美白衣天使"，并被医院授予优秀医生称号。

责任不是别人强加给你的负担，而是你证明自己的积极选择。不管事情大小，一个人唯有主动承担责任，才能充分发挥自身能量，进而脱颖而出。

2

在职场中，我最喜欢的一类人，就是主动承担责任的人。

去年，我招聘了两个实习生，小优和小萍。小优很有才华，也很聪明，学什么都比小萍快，但积极性不高，经常逃避责任，"我没有在规定时间内完成任务，是因为同事让我帮忙做其他事情""我本来不想把稿子写成这样的，但是这次的工作量实在有些大，时间也不够"……

有一次，我让小优和小萍一同负责一份稿子，并且提前约定好了交稿时间。结果即将交稿时，她们的进度却明显落后。

当初，这份稿件的主要负责人是小优。当我询问原因时，小优竟说这不是自己的责任，而是小萍的原因。

接着，我把小萍叫到办公室，问她怎么回事。小萍说："这件事情的确是我们两个的失职，我一定会加班加点赶出来的。如果有什么损失，我想办法弥补。"

后来我了解到，小萍按期完成了自己负责的部分稿件，却发现小优的稿子写得不够精细，不仅逻辑上有些混乱，而且错别字也不少。

为了保证稿子质量，小萍重新审核了小优的那部分，而且进行了仔细修改。无疑，这加大了工作量，进度自然慢了下来。

我看着小萍，不解地问："既然是小优的问题，你为什么不将责任推给她？"

第三章　放轻松，焦虑并不能让生活变得更好

小萍摇摇头，说道："这稿子是我们一起负责的，所以我不能推卸责任。"

实习期结束，我留下了小萍，虽然她不如小优聪明伶俐。

"为什么？"小优质问。

"小萍勇于承担责任，这样的人值得信任。"我神情严肃地回答。

人的本性是趋利避害的，承担责任往往带来压力，带来焦虑。但逃避就能解决这一切吗？不能！相反，还可能使问题变得更严重。

一个人要想有所成就，必须要有强烈的责任心，面对问题积极解决。一个女人的能力有大小、水平有高低，但是一个敢于承担责任的女人，往往更会获得同事和上司的认可，赢得更多的资源与平台。

3

史媛曾在某电视台做广告销售代表，作为一名刚入行的年轻人，尤其是女性，在竞争激烈的情况下，她明白自己必须比其他人更努力才能获得成功。

工作期间，她总是主动做更多的事，公司的客户档案册旧了，她主动将档案抄写到新的文件簿上；老板要打印文件资料，她总是第一个跑到打印机前，她说得最多的一句话就是："让我来吧。"

有一次，台里需要有人来负责销售政治类广告，这是一份棘手的工作，不仅要有丰厚的经验，而且要付出比平时更多的时间和精力，更关

键的是没有业绩就没有提成，因此没人愿意接受这个"烫手山芋"。

正当公司一筹莫展时，史媛觉得既然别人都不做，那就自己来做，而且她在大学期间曾阅读过不少与政治相关的书籍，她认为对此多少会有帮助，于是主动请缨，还上交了一份关于工作课题的报告。

领导爽快地将任务分给史媛，同时指派一位老员工与她一起。刚开始时，她们在市场调查、客户开发方面遇到了很多困难，但史媛毫无怨言，马不停蹄地四处奔波，经常工作到半夜，一天只睡五个小时。

而那位老同事则劝诫史媛："你瞧我，活儿干得少，责任承担得少，工资可不比你少！你说你何必那么拼命呢？"

史媛经常忙得不可开交，这位同事却经常无事可做，一开始史媛觉得有些委屈。但一年的时间让她掌握了本领域全面的市场信息，拥有了相当数量的客户，也积累了丰富的知识与技能，将工作做得红红火火。

最终，史媛不仅业绩突出，还因此升了职，可谓业务和仕途双丰收。而那位同事做得少、学得少，自然成了多余的人。就这样，两个人渐渐地拉开了距离，在事业上所取得的成就自然不能同日而语。

史媛本身没有多高的天赋，也没有比别人运气好，她只不过比普通人更有责任心而已。别人不愿意去做的事，她去做了，并且全身心地做到最好。

有一个比喻非常形象："如果事业舞台是个圆的话，那么责任心便是这个圆的半径，责任心越强，事业圈越大，这是个相辅相成的过程。"

责任是有两面性的,我们看到责任的正面,也许只是压力和重量;但责任的背面,则是成长和历练的机会。

真正的优雅，能对抗这个世界上所有的不安

1

安瑞是某报社的编辑，她一直希望自己能够成为一个优雅美丽的女人。她很少与人发生争执，可是那天她却向别人发火了。

其实事情很简单，对方提供的稿件没能达到她的要求，她要求对方重新修改，结果对方推三阻四，不积极配合。两人在电话里越说越急，大声嚷嚷起来。

最后对方说："你的态度真让我失望，我原以为你挺优雅的。"说罢，挂断了电话。

听到电话里传来"嘟嘟嘟"的声音，还有对方刚刚的那一通评价，安瑞心里像是塞了一团棉花，只觉得浑身难受。

第三章　放轻松，焦虑并不能让生活变得更好

下班后，安瑞想躺在床上好好休息下，调皮的小狗却在身边跑来跑去，要么就拽着她的裤角。安瑞觉得烦透了，忍不住踢了小狗一脚，结果小狗呜呜咽咽地跑了，蜷缩在墙角，可怜巴巴地看着安瑞。

安瑞想站起来抱抱小狗，不小心又打碎了杯子。虽然杯子不值钱，可她却真的要崩溃了，怎么一天都没有好事发生？

安瑞再也没有心情待在家里了，打电话约了艾米。

和艾米见面的那一个多小时，安瑞不停地诉苦，抱怨这一天发生的事情，一面说一面生着气，不停地重复着："今天遇到的都是什么事，弄得我一整天烦透了。"

艾米听着安瑞讲述一切，嘴上笑着说："问题在你，生活本就充满了各种意外，如果你无法处理这些事情，只能郁闷下去。"

安瑞突然冷静了许多，她反应过来，其实根本不在于今天发生的事，而在于今天自己面对事情的心态，她给自己挖了一口"陷阱"，进去之后就无法自拔。

哪个姑娘不希望自己优雅呢？但不管你多么美丽，多么聪明，多么富有，只要你控制不住自己的心态，管理不好自己的情绪，你就和优雅绝缘了。

2

我的奶奶是一个大家闺秀，她的父亲是镇上的小学校长，母亲也是

高知女性。年轻的时候，奶奶爱穿颜色淡雅的旗袍，身材姣好的她走到哪里都是一道风景线。

后来随着战争的打响，外曾祖父又因意外去世，奶奶家道中落，嫁给了普通人家的爷爷。家境不如从前，而且时常要做农活，奶奶不再穿自己最爱的旗袍了，但她总会让自己尽量穿得干净整洁。

每次吃饭时，奶奶总要洗一段莲藕，然后切成一片片薄薄的藕片，放在盘子里端上桌。一开始，孩子们都不太明白。奶奶说，以前做女儿时家境好，每顿饭都有水果吃。如今的日子虽然穷困些，但她希望孩子们每顿也能够吃点水果，好的没有，就用莲藕来替代吧。

孩子们长大了，结婚生子了……多年后的奶奶，已经成了一个儿孙绕膝，笑容灿烂的老奶奶。但天意弄人，一场大病却让一切美好戛然而止。

七十八岁那年，奶奶不小心摔断了腿。因为年纪大了，做手术的风险太大，就一直没有手术，于是她只能一直躺在床上。一家妇孺老少围着病床掉眼泪，她却笑着说："哭什么，我还活着呢。"

行动不便的她，没有一丝抱怨，她半躺在床上，戴着一副老花镜，安安静静地织围巾、绣花、做点手工艺品，邻居们来串门，都说她的手艺好，还纷纷要跟她"拜师学艺"。

什么是优雅？优雅归根结底就是心平气和，就是一个人面对任何境况，都能保持心态上的平和，没有悲苦沉沦，没有孤独惆怅，没有怨尤焦躁，且能把生活里的黑暗变成光明，这就是优雅。

第三章 放轻松，焦虑并不能让生活变得更好

3

邻居刘姨退休了，起初我发现总有孩子往她家里跑，一打听才知道，刘姨书法出众，不少家长慕名而来，请她教小孩写字。刘姨也乐得给自己找件事做，手把手教这些孩子临帖研墨。

周末的闲暇，我经常端几碟自己做的小点心，去刘姨家蹭课听，我喜欢听她教课，她身上那种淡定自若的优雅气质很是吸引我。

课上经常有小孩调皮捣蛋，有时会把墨汁沁得满桌都是，有时会把宣纸折成飞机。刘姨从不严厉斥责，反而细心开导，她说："小孩的心理还不健全，需要考虑他们的承受能力。我或许会急躁，或许会生气，但不管遇到什么情况，我都希望先当慈母，然后再做他们的良师益友。"

刘姨从来都是和颜细语，孩子们对于她都有一种崇敬与依恋，愿意听她的话。

刘姨年轻时是优秀教师，但唯一的儿子却很有个性，高中时玩乐队玩到被学校劝退。换作别的妈妈，或许早已疾言厉色，但刘姨依旧是温和的："我希望你能成为一个高才生，但也希望你能做自己喜欢的事。但这个社会很现实，你只有先站稳脚步，才有资格去追求心中所爱。"

最终，儿子返回学校重新读书，承诺考上好大学再组乐队。

丈夫早年已故，刘姨独自拉扯儿子，还要工作，常年操劳，落下一身的毛病，药不离口，后来经过细心调养，她的面色越来越好，精神头

越来越足，儿子也逐渐成才，再也不用她操心。在她身上，我认识到不论遇到什么情况，都心平气和，不骄不躁的人，生活终会善待她。

一次，我遇到了烦恼，去刘姨那里倾诉，然后问她："怎样才能像你这样？"

刘姨说："心态的态字，拆解开来，就是心大一点。内心宁静祥和，遇事就会稳。"

生活的烦恼，事业的困境，琐事的纠结……世界从来不安，有了安定的内心，才能在不安的世界里安静地活。一个优雅女人背后连着她整个优雅的生活、从容的人生态度和较强的幸福感。

真正的优雅，是修于内心，起于形色，表于外在的。

女人优雅一生，便可娴静从容一生，安稳幸福一生。

第四章

脱单不如脱贫,赚钱必须要趁早

靠自己活出魅力与价值,

付得起成本,

担得起责任,

方可安然若素,

岁月静好。

女人的尊严建立在物质基础上

1

阿雅是一个安静内向、不善交际的女孩，刚上大学时，家里给她的生活费是每月600元，她省吃俭用也只是足够生活。后来阿雅发现，同宿舍的亚萍，家里给的生活费也是每月600块钱，但是她的各种零食不断，有时还会买很贵的衣服，生活条件明显要比她好。

阿雅原本猜想是亚萍在外面做兼职了，后来才知道，亚萍只是喜欢结交朋友去蹭饭，用她自己的话说："不用自己掏钱，这多省钱啊！"

因为长得漂亮，亚萍总能得到男生的青睐，那些男生为了讨她的欢心，也乐得给她掏钱。每次拎着零食或礼物回来时，她总是跟阿雅炫耀，这又是哪个男生送自己的。

第四章 脱单不如脱贫，赚钱必须要趁早

"男人为你花钱的程度，就是他爱你的态度。在感情中，金钱最容易检验一个人的真心。"亚萍信誓旦旦地说。

遇到不愿意主动花钱的男生，亚萍还会下通牒："那套化妆品我喜欢好久了，你要是喜欢我就送我。如果下星期你还不送我，我就再也不理你了。"

就这样，亚萍给大家留下了"只花钱，不恋爱"的坏印象。后来她的情感经历非常坎坷，多次失败不说，还被男的骗过无数次，到现在为止感情都很不顺利。

至于那些男的，谈起亚萍时毫无歉意，"我们各取所需，没有谁对不起谁"。

这个社会处处离不开钱，但比钱更为重要的是，自己的高贵，自己的尊严，这些东西一旦丢失了，便很难捡回来了。

女人可以没有金钱，但不能没有尊严；可以没有爱情，但不能没有自尊。

2

"女人的尊严是建立在物质基础上的。"这句话出自思雯之口，这是她的座右铭。

思雯是一名导游，最初选择这份职业是因为热爱，是因为走遍天涯的梦想。但真正参加工作之后，她才发现导游是表面风光背后心酸。

早晨四点半，当大部分人还在睡梦中时，思雯枕头边的手机闹铃已经准时响起，她洗脸刷牙，梳妆打扮，收拾行李，她的一天从这拂晓时分便已开始。

只要带团基本上就是二十四小时工作，白天负责一团人的吃、住、行、游、购、娱，晚上可能也要处理一些突发事件，比如客人生病帮忙去医院。

起初，思雯也是娇小瘦弱的小女生，手不能提肩不能抗，委屈了会哭鼻子，累了会偷偷流泪。但渐渐地，她从小女生变成了纯爷们，拖得动半人高的行李箱，拎得动一整箱的化妆品，脚上磨泡了挑破了继续走，嗓子哑了就干脆哑着说话，即便再不舒服，对待游客也丝毫不懈怠。

"为什么你要这么拼？"

"你就那么喜欢钱吗？"

思雯的回答是："我努力地工作，努力地赚钱，就是为了能好好养活自己，不依靠谁，不黏附谁。我现在最大的幸福就是，我可以自由地从自己的口袋里掏钱买书，住温暖的房子，穿漂亮的衣服，吃美味的食物，买任何我想买的东西和我喜欢的一切，撑得起自己想要的生活。"

想衣食无忧，想过高品质的生活，想为父母尽孝，想看到更广阔的世界……这些都是要建立在一定的经济基础上的，没有钱，这些事情你都无法做到。

每个努力赚钱的姑娘都值得被尊重，只有让自己变得自信又强大，

第四章　脱单不如脱贫，赚钱必须要趁早

学会并习惯为自己喜欢的东西埋单，你才能真正有资格过上自己想要的生活。

毕竟，与各种不稳定的关系相比，钱反而是更为牢靠、更能带给女人安全感的东西。

3

琳娜是学设计的，人很聪明又非常勤奋，之前在一家外企工作，几年打拼下来在业内也算是小有名气，并成功跨入了年薪百万的门槛。

一直以来，琳娜的梦想都是拥有一家自己的公司。前阵子，在几个朋友的邀约下，琳娜果断辞掉了这份人人羡慕的工作，开始创业，做起了外卖O2O。

当有人问到现在赚了多少钱的时候，琳娜总是笑着说，现在还是起步阶段，别看忙得上气不接下气，钱的影子却还没见着。

听到这样的话，人们更感慨地问，当初怎么就这么果敢，说辞职就辞职，难道不怕创业失败，最后一无所有吗？

琳娜却无所谓地笑笑："大不了我再回去做原来的工作，我的能力、经验放在那里，那些都是我的资本。老实说，等着请我的人可不少！"

年薪百万的琳娜为什么敢于辞掉工作去创业？与其说她比别人更有追求梦想的勇气，倒不如说她比别人更有追求梦想的底气！正如琳娜所说，她的能力、经验放在那里，那些都是她的资本。因为她知道，自己的生活是有保障的，她随时都能赚到钱，这种底气赋予了她勇气。

钱不是阻碍找到爱情的凶手，而是保卫爱情的围墙。

钱不是阻碍实现梦想的敌人，而是靠近梦想的阶梯。

你拼命赚钱的样子虽然狼狈，但你自己靠自己的样子真的很美！

不用为了钱而被他人所左右，也不用屈服于金钱的诱惑之下，最重要的是有底气去争取想要的一切，然后随心所欲，这种感觉该有多棒。

第四章　脱单不如脱贫，赚钱必须要趁早

自信而独立的女人命最好

1

嘉嘉一喝酒就喜欢说话，还会痛哭，令人唏嘘不已。

嘉嘉曾是个肤白、貌美、大长腿的"女神"，大学时追她的男生数不胜数。但嘉嘉觉得，年龄相当的在校男生无房无车无收入，即使毕业后也得摸爬滚打才能混出样来，于是她一门心思想钓个"金龟婿"。

仗着身材苗条，容貌俏丽，大四那年嘉嘉还真遇上了期待已久的"金龟婿"，对方是个小有名气的民企老板，叫贺伟。经打听得知，曾离婚一次，没有孩子，至今单身。

嘉嘉找准一切时机向贺伟频送秋波，经过近半年的"狂轰滥炸"，贺伟终于拜倒在嘉嘉的石榴裙下。事情进展如此顺利，连嘉嘉自己都不敢相信，想想自己从穷学生摇身变成富太太，她全身的细胞都笑开了花。

婚后，我曾劝说嘉嘉好好找份工作，但嘉嘉不以为然："家里什么都不用我愁，我哪里还用出去工作，辛苦不说，还要看人脸色。"

嘉嘉每天不是逛街，就是追剧，怀孕生子后干脆过上了相夫教子的生活。带孩子其实挺辛苦的，而贺伟一回到家不是玩手机就是看电视，家务活什么都不管。有时嘉嘉忍不住抱怨几句，贺伟就会说："只带个孩子也能把自己搞得像怨妇似的，你有什么累的，你能有我累？"

更郁闷的是，贺伟回家的时间越来越晚，还不让嘉嘉干涉自己的事情。后来嘉嘉才知道，贺伟在外面居然还有别的女人。嘉嘉哪容得下这个，气愤地找贺伟理论。谁知，贺伟非但没有安慰她，反而轻蔑地说："我供你吃供你穿，哪里对不起你？你就应该好好听话！你凭什么来管我？"

听到这番话，嘉嘉更是怒火中烧。她想离婚，但想到自己一毕业就直接退出社会，进入家庭妇女行列，没有工作经验，没有工作能力，想再次融入这个社会难上加难，到时恐怕连孩子的抚养权都争不到。现在的她，在生活上处处受限，就像笼中之鸟一样，日渐憔悴，终日郁郁寡欢。

从女神到女奴，是什么导致了嘉嘉的悲剧？与其说命运使然，不如说她是自作孽。

女人把希望寄托在男人身上，甚至不惜放弃自己的生活，放弃自己的事业，甚至经济来源，是她一生最大的失误。

第四章 脱单不如脱贫，赚钱必须要趁早

2

另一位大学同学韩枚，是班里毫不起眼的一名女生，相貌平平，成绩平平。就在嘉嘉忙着钓"金龟婿"时，她却一心穿梭于图书馆、健身房等场合。

大学毕业后，韩枚刚开始并不顺利。她一直希望当一名作家。但那时她的文笔太稚嫩，也没有经验，去出版社面试遭遇多次"碰壁"。迫于生活压力，她选择了一家图书文化公司，也接受了公司的安排从一名小编辑做起，每天对着电脑一字一顿地核对稿子，住在狭小的出租房里，过得很是艰辛。

每次听到"干得好不如嫁得好"之类的话，韩枚都会淡淡一笑："为什么要依靠男人呢？我要靠自己，我要做独立的女人！"

韩枚是这么想的，也是这么做的。

既然文笔不够好，她就努力练习写作，一开始是在日记本上写，后来在空间、博客上写，她坚持每天睡觉前记录生活的点点滴滴和心情的起伏。同时，在工作之余她还通读国内外名著，记载和摘抄那些比较有价值的话语。韩枚明白，一定要坚持写作，当积累的够多了，便水到渠成了。

那段时间，韩枚从没有半夜三点之前睡过觉，她几乎日日更新文章，每篇都三千多字，最终有出版社开始和她约稿。毕业第三年，她的第一

本书正式出版。

就在这时"月老"也光顾了这位姑娘,为她"送"来一个优秀的男人。对方爱她,敬她,宠她,那是一种发自内心的欣赏和爱慕。韩枚的每一个笑容都是那么灿烂,是工作和钱给了她自信、底气和魅力。

那一刻,你会由衷地觉得,这样的女人真美。

一个毫不起眼的姑娘,在没人支持的情况下,一步一步逐渐被大家认可并尊重,这是不懈努力的结果。韩枚有自己的思想,有自己的事业,有自己的骄傲,双脚坚强地站在大地上,靠自己活出了魅力与价值!

生命的意义,从来就不在别人身上。女人必须找到除了爱情之外,能够使自己用双脚坚强地站在大地上的东西。

好姑娘,先谋生,再谋爱。

3

关于婚姻,孙筱一直心有不满,丈夫薪水微薄,无法让她和儿子吃香的喝辣的。自从隔壁搬来邻居之后,她变得更加焦躁。因为邻居夫妇非常有钱,孙筱经常看到这样的场景:邻居太太打扮得精致时髦,携着身着高级西装的丈夫,和自己打招呼说他们要去参加高级晚宴。

"你为什么不能像人家丈夫一样,那么有能力,能赚钱?"

"嫁给你,我过的是什么日子?后悔死了!"

……

第四章 脱单不如脱贫，赚钱必须要趁早

那段时间，孙筱的生活处处充满了抱怨。

"如果你去做一份力所能及的工作。"朋友建议道，"这样多少能改变现状。"

就这样，孙筱告别了"全职太太"的身份，重新踏入职场。

孙筱选择了保险行业，尽管以前她不善言谈，但要想生存下去必须做出改变。在接下来的日子里，孙筱努力用营销理论来武装自己，并且硬着头皮去拜访不同的客户，她努力改变自己的内向性格，热情洋溢、积极主动地面对顾客。渐渐地，孙筱成了众人眼中能说会道的人。

与此同时，孙筱的知识和能力不断增长，内在的修养气质也得到了极大提升，说话干脆，做事利索，很有职业女性范。

当然，孙筱的改变使她的事业收获颇丰，业绩蒸蒸日上，前途一片光明。现在的她打扮光鲜，内心自信，已然成为邻居太太羡慕的那种女人。

谁能让女人不幸福？是女人自己。谁能让女人快乐？也是女人自己。

你要尽早明白，长得好不如学得好，学得好不如命最好。

什么样的女人命最好？答案就是：自信而独立的女人命最好。

你想拥有更好的人生，首先就要让自己变得更好。

你能把控自己的生活，就有能力拥有喜欢的一切！

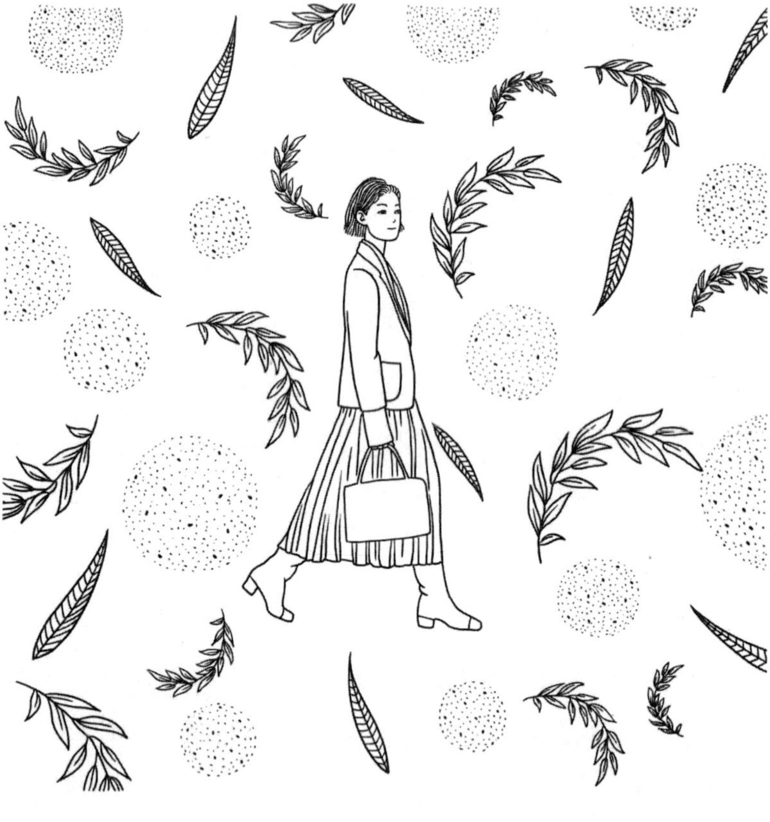

第四章　脱单不如脱贫，赚钱必须要趁早

金山银山都不如拥有理财意识

1

冬日的寒风凛冽地刮着，街上的人们行色匆匆，"月光小姐"却缩着脑袋走得缓慢。公交车到了，她吃力地挤了上去，抓住扶手，松下肩膀，喘了口气。

"月光小姐"今天心情很糟，辛苦半月做成的策划案被完全否决了。总监不仅否定了她的劳动成果，还否定了她的工作态度："你年纪轻轻的，整天苦着脸，不想干就走人。"

"每月工资不够花，月月负债累累，就这么点工资，要我出卖劳动力，难道还要赔上笑？""月光小姐"闷闷不乐地想着，一阵乏力感从心头蔓延到全身。

她叹了口气，转过脸看向窗外，猛然看到外面亮起的广告牌，那是一款刚上市的手机，她早早就盯上了。虽然只是一闪而过，她的心还是一阵狂跳。

急匆匆地挤下车，"月光小姐"直奔手机店，一张卡，两张卡，三张卡……"对不起小姐，余额不足。""小姐，你还有其他卡吗？"营业员的话让"月光小姐"既着急又难堪，她猛然想起上周银行的催款信息，名下的四张信用卡均已透支，自己已经连续吃了一个多星期的泡面了。

满满的失落将"月光小姐"包裹起来，她有些喘不过气来。

生活为什么会变成这个样子？

"月光小姐"推开房门，看着摆满屋子的光鲜商品，名贵的包包、亮丽的服饰、高档的化妆品，她陡然明白了：自己已经沦为这些商品的奴隶。

"女人要对自己好，要宠着点自己。"

"你怎样花钱决定了你属于哪一个阶层。"

"当你学会打扮自己，就能吸引到喜欢的人。"

……

"月光小姐"追求时尚，又爱美丽，看到喜欢的东西就买买买。月工资 7000 元，在二线城市算不错的收入了，但是经不住各种买，每逢月底她就捉襟见肘，只能找朋友借钱度日。

第四章　脱单不如脱贫，赚钱必须要趁早

一开始还有人借钱给她，后来越来越少。"月光小姐"干脆去银行办了信用卡，之后她花钱更大手大脚了。刷卡的时候非常潇洒，但每个月的消费都严重超支，她已经先后办了四张信用卡，每月拆了东墙补西墙。

本来她和一个男孩互有好感，但对方得知"月光小姐"财务状况一塌糊涂后，渐行渐远。后来，从朋友口中"月光小姐"知道了男孩对自己的评价："一个过度消费、不会理财的女人，很难有一个安全美好的未来，我不愿意被拖后腿。"

事业和爱情双双受挫，"月光小姐"不只是没有存款，连精力也都消耗殆尽了。

从表面上看，"月光小姐"的生活可以理解。毕竟，生活哪里不需要消费，更何况是对于时尚年轻的女孩。但如果你不想过得狼狈，就必须学会理财。

俗话说："吃不穷，穿不穷，算计不到一世穷。"理财永远是宜早不宜晚的事。

2

上周偶遇女友 GIGI，她和爱人刚从法国度蜜月归来，一脸幸福的笑容甜糯怡人。

"这次蜜月之旅价格不菲吧？"我羡慕地问。

"一点也不用心疼,这都是投资赚来的钱。"GIGI笑着回答。

说起GIGI,我真的很佩服她。虽然毕业后,她只是进了一家很普通的公司,每个月薪水也就几千块,和大多数的同学一样,并没有什么令人羡慕的好运气。

但她年纪轻轻就懂得投资理财,每个月都会坚持存一部分钱,将有限的资源进行合理分配,然后投入理财产品,如定期投、国券,有的理财产品回报率很不错。后来她看房产市场比较好,就跟家里借钱买了两套房子,现在也升值不少……资产就像滚雪球一样,越滚越大。

足够的能力和资本,令亲朋好友们对她刮目相看,父母也很是欣慰,她的优秀还吸引了一位同样有能力的优秀男人,两人喜结良缘。同时,她理所当然地成为家中第一"财政执行官",爱人也心服口服地接受她的"领导"。

每当身边的女性朋友因经济烦恼时,GIGI都会及时送上一句:"你应该学会理财,女人有固定收入远远不够,必须要懂理财会投资,才有机会挣到更多的钱。这样无论在家庭还是公司,你都会更有地位和发言权。"

言语间,GIGI不自觉地流露着自信和骄傲。

她只是一个普通的女孩子而已,她只是用自己的方式打理着金钱,却先人一步地享受着生活的乐趣,获得众人的欣赏,感受到踏实的幸福,活得自信、独立、优雅。

你为什么不呢?

第四章　脱单不如脱贫，赚钱必须要趁早

3

理财其实并不难，就拿我自身来说，主要是从以下几个方面入手。

以前我在消费之后，常常悔恨买了很多不必要的东西。后来我开始了日常消费记账，比如伙食费、交通费等是每个月必须花费的，而那些可花可不花的开支，比如无用的聚会、类似的服饰等方面的开销，我下定决心断舍离。省下来的钱又可以做其他用途，何乐而不为？

相信我，没人会喜欢大手大脚的姑娘，即使你真的很有钱。

详细记下日常花费之后，我知道了自己在哪些地方花销大，哪些地方花销小。等到发工资时，我的第一件事就是留足生活费，把30%的工资存成死期，剩下的钱存在另外一个账户，以备不时之需。储蓄虽然收益小，但它是风险小、最稳定、最简单的理财方式，也是合理理财的第一步。

辛苦赚来的钱不能放着睡觉，而是要让它活起来。在GIGI的影响和引导下，我也开始投资理财，基金、债券、股票等，这些年我先先后后都尝试过，有盈有亏，要谨慎再谨慎，认真揣摩学习。

最后是拓宽自己的收入渠道。当工资暂时还没上涨时，结合自己的兴趣或特长，努力增长自己的额外收入。比如，我曾在某线上网店做兼职文案，既获得了不多不少的酬金，也锻炼了自己的写作能力。

爱情会有背叛自己的一天，但是账户的金钱绝对不会。因此，聪明的姑娘都懂得未雨绸缪,及早打理自己的金钱,像打理爱情一样上心。

当然,理财不能使你短期内暴富,它需要时间的积累,经验的积累,重在坚持不懈。

第四章　脱单不如脱贫，赚钱必须要趁早

丢掉八卦消息，提高财商更实际

1

"听说了吗？金童玉女居然分手啦！"

"真没想到，他喜欢的是那种女生。"

"天啊，人明星居然有这样的一面！"

……

中午的办公室里，袁丹一边抱着娱乐杂志猛翻，一边一惊一乍地叫着。对此，我们都已经习以为常。袁丹是谁？我以前单位里的"八卦婆"，这个年轻漂亮的小姑娘，整天喜欢和我们聊八卦。

一次，当袁丹抱怨自己是"月光族"，没人追没人爱时，我建议道："你应该多看看财经消息，而不是整天看娱乐杂志！"

翻看着我递过去的一本财经杂志，袁丹的眉头越皱越紧："这些财经消息多枯燥，都是些没完没了的数字和永远也看不明白的曲线图表，谁愿意看呀！"

"姐，你不知道这些时尚杂志有多有趣。"袁丹掏出一本最新娱乐杂志，笑着解释道，"你知道贾斯汀·比伯为什么总留长发吗？这源自他和发小的一个赌注，两人约定都不剪头，看谁坚持得久，明星原来也这么幼稚搞笑。说起他和赛琳娜的分分合合，比美剧还狗血……"

"你说得没错！"我也笑着摆出了自己的观点，"但你可知道，这些无趣的财经消息要比那些无聊的娱乐八卦有用得多，如果你不是娱记的话，至少那些八卦杂志不会让你的财富翻倍，而财经消息却可以让你的钱包鼓起来。既然你想要成为财女，对财经一窍不通又怎么能行呢？"

为什么你总是攒不下钱，发不了财？很可能是因为你财商太低。

想赚钱，想发财，就要想办法提高财商。

财商是一种强大的创富力量，能让你的财富从无到有，从小到大，从大到强，大部分富有的女人都具有高财商，即便她们学历很低，出身贫寒。

2

表姑家在农村，姐妹很多，算是贫穷之家，她念完高中就踏入社会，

第四章 脱单不如脱贫，赚钱必须要趁早

进入一家染织厂，在灯芯绒生产线上工作，灯芯绒也就是老百姓常说的条绒布。

如今，四十多岁的她已经身价百万。用她的话说是运气好，但事实并非如此。

在表姑的车间中，有一道刷绒工序，棉布经过齿轮挤压可以刷下大量的棉布，最后变成一个棉球。表姑发现厂里有许多职工都用这种棉球去做枕芯，枕起来也非常舒服，但是厂里平时却将这些棉球都当废品扔掉了。

表姑想，如果拿它去做枕芯卖，岂不是能变废为宝。随后，她尝试着用棉球做了几个枕芯，拿去城区的两个大商场。商场老板看到枕芯做工精细，当场就要了货。

尽管只是代销，却让表姑看到了商业良机。当时她算了一下，做一个枕芯的成本费大概是5元钱，卖价为15元，利润是十分可观的，于是产生了回家专门做枕芯的念头。

表姑从小就会缝纫机，她借钱租了三间平房，低价从原来的染织厂购入棉球，再运回自己的工厂生产，同时雇用了几个人一起做。商场的枕芯销售量很好，表姑又联系了几家大的商厦，也为她代卖枕芯。

当然在这过程中，表姑还不断地更新工艺，将薄荷、决明子、薰衣草、艾叶等放入枕芯，使枕芯功能变得更多样，更实用，成为商业成品。

如今，表姑也成为当地闻名的创业明星了！

表姑能够将工厂中的废品变成商品，为自己赚得财富，说明她具有极高的财商，而她所获得的财富正是由自身的财商带来的。

3

"哈哈，那只股票果然涨了，幸亏我及时看了关于地方钢材调控的财经信息，不然，可没机会轻轻赚到这十多万块……"

赵蓉兴高采烈地和朋友们炫耀道，她真的没想到小小的一条信息竟然能给自己带来十万块钱的财富。但事实就是如此，因为这是一个信息时代，有时候一条小小的信息就能为你带来巨大的财富。

赵蓉是一个相貌平平的女子，却对电视上那些财经新闻与理财节目很感兴趣。

有一天，赵蓉在看新闻时发现，一位政府人员在讲话中以棉纺织品为例，要求地方企业努力提高产品质量，开发新产品。

这条信息在一般人眼中是毫不起眼的，可赵蓉却在其中发现了商机。很快，她便利用手中的资金开启了创业之路。她从生产床上用品开始，努力提高产品的质量，精心打造了自己的品牌。三年后，她的公司扩大了规模，又从价格方面去抢占市场先机，从而获得了巨大的利润。

尝到甜头后，赵蓉更是时时关注财经方面的新闻，按她自己的话说就是："不管看到什么，我脑子里第一个反应都是，能不能赚钱。"

前段时间，赵蓉看到地方钢材调控的新闻，通过各种途径收集到许

第四章 脱单不如脱贫，赚钱必须要趁早

多有关钢材企业的信息，并对这些信息一一排查。经过细致的调查、研究，最后她选择入股一家钢材企业，结果一跃进入大户室。

所谓"机会只是留给有准备的人的"，财富更是如此。别把时间浪费在八卦新闻上了，它对你没有任何好处，还是想想怎么赚钱更为实在。

如何挖掘或提升财商呢？如果你觉得无从下手，不妨学习赵蓉的方法，时常关注财经新闻，多浏览理财网站，多阅读理财书籍，也许刚开始你会觉得无比枯燥，但是时间一长你就会发现，这其中充满无尽的玄机与乐趣，而且它能培养你的经济头脑，让你赚到更多的 Money。

多年之后，在"复利效应"作用下，你不想成为富婆都难呢！

工作不只眼前的苟且，还有"黄金屋"

1

一个深夜，安妮给我打电话，浓浓的鼻音里带着哭腔。

"我再也不想做这份工作了，我真的厌倦了，就像疲累的鸟儿想归巢……"

安妮毕业于英语师范专业，拿的是中学教师资格证。当初她一个人单枪匹马前往上海，选择了一家教育培训机构，主要负责中小学生的英语辅导。

刚开始，安妮几乎每天都要出去发传单，顶着烈日在学校门口站着，还要赔着笑脸对待学生及家长的拒绝。即使别人不拿宣传单，不听介绍，她还是要厚着脸皮去和对方讲，希望他们能来机构上课。

第四章　脱单不如脱贫，赚钱必须要趁早

后来，终于等到上课机会。安妮带了三个班，每天早上六点多起床，坐公交到学校，在三个暑假班轮流转，上午九点开始上课，十一点结束。下午两点上课，四点结束，接着到六点再上，其间还要花两三个小时备课。午休是最奢侈的，往往就是将两张椅子合并在教室眯一会。

晚上九点多回到住处，倒在床上就能睡着。

"每天活得这么辛苦，不如找一个靠得住的人嫁了。"

"不行就回家考个公务员，差不多够过日子就行了。"

……

安妮喃喃地说，带着一丝疲惫，一丝失落。

"你还记得你到上海的梦想吗？"我追问。

"当然记得。"安妮立即辩解道，"但我也不希望过得这么辛苦。"

"有没有轻松一点的工作？"紧接着，安妮说了她对工作的期待，"上班不忙不辛苦，还能有很多很多钱的那种。"

我只问了一个问题："亲爱的，你想要辛辛苦苦地工作，舒舒服服地生活，还是舒舒服服地工作，辛辛苦苦地生活？"

那边一阵沉默，过了一会她说："谢谢，我明白了！"

我曾听过一句话："没有一种不通过蔑视、忍受和奋斗就可以征服的命运。"

没有谁的工作是容易的，这正是我们征服命运的途径啊。

2

休完产假后,我如期回归职场。职场妈妈是辛苦的,更是辛酸的,往往需要面对家庭、事业的双重责任,劳动量自然也是翻倍的。

我曾经有很多机会放弃工作,但最终还是没有。

记得一次三岁的女儿问我:"妈妈,你为什么要上班?"

旁边的爱人回答:"因为妈妈要赚钱呀。"

女儿问:"什么是赚钱?"

我尚未来得及回答,这时爱人回答说:"赚钱可以给你买好多好吃的。"

我不满意爱人的回答,因为我觉得工作并不仅仅是为了赚钱那么简单,我觉得工作的含义是非常深远的。一个人就算读到大学,六十岁退休,那么工作的时间至少会有三十年,这三十年如果只是为了赚钱,那么该多无趣?我之所以工作,是希望自己的生命有意义,有价值。

我也是这几年越来越意识到工作的重要性,工作给予我的尊严和意义,是任何一种感情都不能替代的。当我心情不好的时候,感到迷茫的时候,根本不需要那么多心灵鸡汤,只需要努力工作,全情投入。在工作中,我能感觉到自己的成长和进步,能从中找到成就感和幸福感。

如果你问我,一个女人什么时候最有魅力?

我的回答一定是,一个女人专注工作的时候最有魅力。我特别喜欢那种心无旁骛、一心一意做事的人身上散发出来的精气神。

第四章 脱单不如脱贫，赚钱必须要趁早

于是，我蹲下来跟女儿说："妈妈去上班，是因为妈妈很喜欢自己的工作，喜欢工作时自己的样子。"

我原以为女儿不会理解，出乎我的意料，女儿说："我也喜欢工作时的妈妈！"

很显然，这种对工作的热爱是具有一定感染力的，就连天真无邪的孩子，不需要任何解释也能感受到。

工作是最不会辜负我们的，每一分付出，每一滴汗水，不一定会立竿见影显示出来，但都会化作我们身上闪亮的、无与伦比的魅力，这是涂多少胭脂水粉都无法做到的。

不要认为自己的工作多么平凡，多么低微，我们不一定要成为"女强人"，但用心对待自己的工作，比过去的自己更棒，你将更有资格谈人生、讲人格、讲尊严，去定义属于自己的人生。

3

昨天我等着堂妹一起吃午饭，碰面时已是中午一点过了。她气喘吁吁地走到我面前说对不起，一上午都在跟客户谈业务，临近中午又去验了一趟货。

我注意到，堂妹身上的衬衫已经被汗水打湿了一半，这和她以往总是优雅示人的形象有点相悖，但这更是真实的她。

提及堂妹，身边的朋友都是一片艳羡。即将三十岁的她是一家商贸公司的市场部经理，手下带领着几十号人，俨然是众人眼中的女中豪杰。而且，她的生活十分有情调，喝茶、旅游、看书、看风景。

人们羡慕她人生赢家的幸福，却很少看到她幸福背后对工作的默默努力。

堂妹原是会计出身，工资稳定，也不辛苦。但后来，她向领导申请调进市场部。很多人都说她傻，但她却说，市场部虽然辛苦，却能最大限度地提高自身能力。

为了掌握市场营销的基本常识，堂妹自学几十万字的材料，从门外汉变成了行家；

为了多争取一个客户，她骑着电动车，走街串巷，一家家叩开合作商的大门，吃闭门羹、挨白眼成了家常便饭；

为了签下一个大订单，那年春节她一个人在他乡，冒着被偷被抢的风险，租住在偏僻的城中村，看着别人家团团圆圆；

……

几年时间，堂妹从职场小白变成白骨精，从销售精英、销售主管，再到市场部经理。出席公开场合的她自信、美丽，光彩照人，吸引了诸多异性的关注。

这个世界不存在所谓的轻松工作，每个人的光鲜都是用艰辛换来的。

那些工作时认真努力的姑娘，往往也能把生活过得超级美，她们仿佛永远站在阳光里，优雅自信地微笑着，招人喜欢，又美得不自知。

第五章

学习一辈子是一件很酷的事情啊

人生也将变成一个日新月异的过程。

每个懂得坚持学习的女孩，

最后都会成为最美的女王。

像我一样成长就能逆袭人生

1

"对不起,我学历低。"

当卓文说出这句话时,她的双脸已经发烫。每当提及自己的学历,她都像是被人发现的老鼠,一束强光打过来,恨不得钻进地缝的窘迫。

高中毕业,十九岁打工……卓文的日子并不好过,因为学历低,她能做的都是服务员、前台、发传单之类毫不起眼的工作。

一开始,卓文还有些不平,后来就认命了。

"不认命有什么办法?我学历低,本来就比别人差,能力也不如人家,那些好工作怎么可能落到我的头上呢?"

"我觉得自己很笨,怎么做也出不了头。就算做再多,也不能得到

第五章　学习一辈子是一件很酷的事情啊

领导关注,也不能让领导主动给我加薪。"

……

好在,卓文踏实能干,为人也随和,经常有朋友介绍工作给她。

"对不起,我学历低。"

稍微不错的工作,卓文就会退缩,在她认为,好工作基本都要本科以上学历。没有好学历的她,只能满眼地羡慕朋友;却迟迟找不到一份好工作。

多少次,卓义情不自禁地抱怨自己没有好学历,抱怨自己找不到好工作,抱怨自己无用无能,而拥有不了理想中的灿烂人生。

人往往走不出的,是自我画地为牢。

卓文最大的失误是,摆脱不了学历带来的阻碍,这让她越走越窄。

学历低就意味着干累活、拿低薪吗?学历虽然重要,但低学历不该成为你滞后不前的借口。如果你还在感叹学历低找不到自己满意的工作,那么你何不从现在就开始提升自己呢?

2

之前我在外资企业实习时,认识了阿语,她身材瘦小,貌不惊人,而且只有大专文凭,进入公司实属运气好。

那时阿语是个文员,但其实就是做打杂的工作,比如发报纸、端茶倒水、接电话等零七八碎的事情,不过她总是最快完成老板交代任务的那一个。

这是为什么呢？我当时问了阿语，她说的话质朴，但很有质感："老板交代的任务，我就是收到，立马执行，直击目标。"

阿语并不甘心以后就这样下去，她不仅工作努力，还经常抓住一切机会学习，对能够接触到的文件也不断琢磨。也许是同龄人的缘故，她平时更喜欢跟我聊天，并提及自己的人生哲学："有时，命运和咸鱼翻身一样，你除了努力让自己更优秀，没有别的选择。"

后来我实习期结束离开了那家公司，之后听说，阿语因为对公司业务了如指掌而得到提拔，已经成为老总的秘书。

秘书工作需要协调各组资源，帮助老板处理很多问题，这一切都是阿语之前没有接触过的，她二话没说报考了职业培训班，每天下班后去上课，风雨不误。

而后由于能力突出，阿语一步步成为行政主管、部门经理，薪水翻了好几倍，三十岁不到，已然从丑小鸭变成白富美。

阿语的人生之路越走越宽广，想来，一定是她的人生哲学起了作用。

既然梦想成为那个别人无法企及的自我，那么就应该付出别人无法企及的努力。

越努力越幸运，事在人为，要想过上光鲜亮丽的生活，关键还是要自己有能力有资本，唯有努力改变可以改变的，我们才能变得更好。

第五章　学习一辈子是一件很酷的事情啊

3

上中学时，我曾因数学太难而备受折磨。每当数学老师公布成绩时，我真想找个地缝钻进去，心情很是低落，以至于对学习失去了信心。

爸爸看到这种情况，并没有批评我，而是给我讲了这样几句话，他说："暂时的落后不算什么，只要你肯去努力，加倍努力，你就能赶上甚至超过别人！"

听了爸爸的话，我若有所悟，认识到自己如果因为一时的落后而萎靡不振，那么到头来很可能会成为那种无所作为的女性。

想到这里，我开始平静地面对一时的失利，努力振作自己的精神。经过一段时间的调整，我重新整合了前进的力量，数学成绩也慢慢地赶了上去。

大学时期，我们系里的系花长得漂亮不说，中文底子也特别好，是可以填古诗词的人，我渴望成为那样的女子。身边的朋友们都说，系花的文化底蕴是从小到大积累来的，我们怎么追也追不上。

但我不信邪，我买来一本厚厚的古诗词，还从图书馆借了一本本国内外的名著，用一个小本记载和摘抄那些有价值的话语，随身携带，随时背诵，一有时间我就练习写诗，写文章等。那段时间整个人很忙碌，很辛苦，但临近毕业时我已在校刊上发表了多篇文章，踏上了文学这条路。

这些年，在写作的路上我遇到了很多志同道合的女性朋友，她们有的是高级讲师，有的是大学教授，有的是企业总裁……是不是很高大上？我不敢掉以轻心，因为一不小心就会被她们甩掉几条街，所以我不断努力，不断摸索，学习她们的写作方法，学习她们锲而不舍的精神。

如今，我已经能和她们自如地谈天说地，共同写作。

成长，才能逆袭。哪怕我比别人爬得慢很多，我也愿意一步一步爬起来。

哪个姑娘不想表现优异，成为众人中的佼佼者，但人与人之间难免有强弱之分，暂时的落后不算什么。只要你肯去努力，想方设法去改变目前的状况，生活就会向着你理想的方向前进。

请相信，你值得过上更好的生活。

第五章　学习一辈子是一件很酷的事情啊

让自己不断增值，你才能成为独一无二的人

1

"你晓得吧？那个'985'被辞退了。"

在透明玻璃做隔断的办公室，稍微有点风吹草动，很快便全社皆知。

"985"是谁？想当初，她是主编极力看好的"苗子""年轻潮流一族，重点大学毕业，传媒对口专业，我们杂志社要的就是这种人才"。

坐在工位上的顾曼心头一紧，担心自己的饭碗快要保不住了。从此以后，她每天都会努力工作，比平常更加卖力。

不止一次，顾曼曾和好友谈及："我好羡慕这个'985'的同学，她一来，把我这个非名校毕业、专业又不对口的甩开了几条街。"

实习生被安排出去采访是再正常不过的事，可是听说这位"985"

出门采访时总是跟一起出门的同事抱怨天气太热，走路太累。主编听到这些消息，把"985"召回办公室，让她整理其他同事传来的文稿。

顾曼内心又是一阵羡慕："实习期的小编至少要外出采访三个月才能回办公室，看来主编真的很看重'985'，所以才降低了要求。"

可坐在宽敞明亮的办公室里，"985"也不安分，编辑稿件时她总是一边刷新闻刷朋友圈，一边随意晃动着鼠标。

看到顾曼摆满一桌的资料，对着电脑一次次排版，"985"颇有些嘲讽意味地问道："这么普通的稿件，用得着这么大张旗鼓吗？"

结果是，顾曼完成的稿子质量每一次都能将"985"比下去，而两者之间的薪水差了足足2000元。主编在早会上间接提醒了N次，"985"还是一副老样子，她坚信自己的价值所在，坚信主编是看好自己的。

最终，实习期才过了两周，"985"就被主编辞退了。

残酷吗？"985"的高才生居然输给一位普通本科生？但这就是职场。任何一家用人单位都希望用最少的钱获得最大的利益，工作上从来都是强者胜出，弱者淘汰。

而所谓的强，就是你能给单位带来什么价值。

2

顾曼虽不是名校毕业，但一直很刻苦、很勤奋，实习期间她负责的事情很少，但那段时间杂志社正在策划一个情人节活动，整个部门都特

第五章　学习一辈子是一件很酷的事情啊

别忙，大家都在加班，她就跟着大家加班加点地工作。

外出采访时，她也曾吃过"闭门羹"。或许是看她过于年少，有个采访对象不见她，顾曼也不恼，一次不行就两次。后来坐在人家的会客厅，一直等他。

对方终于答应接受采访，但限时五分钟。好在顾曼事先做足了准备，为了这次采访，她事先收集了大量资料，提出的问题精而准，而且非常有逻辑性。

原本约定五分钟的采访进行了半个多小时，当然那期栏目出版后也是好评不断。

虽然顾曼写作能力有待提高，但她是一个很主动的人，有不懂的问题就问，她也会在开会的时候大胆发言，提供一些好的创意，发挥自己的聪明和才智。

这样的姑娘，自然不会被人忽视。她明朗的笑容和落落大方的处世风格，更是令同事们认可，这些也正是她 PK 掉 "985" 的重要原因。

没有文凭，没有经验，就注定不被赏识？就注定一事无成？就注定输的结局？

人生是一场马拉松，胜者不一定是跑得最快的人，而是能持续到最后的人。

也就是说，你要不断地前进，倾尽全力去努力，把不足之处加强起来，把长处发挥得淋漓尽致。这是一种从量变到质变的过程，是价值创造的过程，而且终会厚积而薄发。

3

"步步高升的关键在于老板愿意提拔你，所以你对老板的想法要相当了解，要学会巴结老板，没事多拍拍马屁，这就是女人的以柔克刚。"

说这段话的时候，白薇振振有词。

白薇总是这样告诫我，但好玩的是她晋升总是没有我快，一年半的时间内，我曾从一名小员工晋升为部门主管，其间我从没想过巴结老板，所以白薇一度怀疑我是职场政治的高手，玩得更高深。

其实我哪里懂什么职场政治，应该这样说，我根本不知道职场政治是什么。在我看来，我只是让老板知道了我的价值罢了。

问题来了，我的价值是什么？

比如，我有强大的责任感。工作期间，我先后参与了大大小小的项目二十多个，有的项目从头跟到尾浩浩荡荡进行三四个月，有的项目是十万火急的，但加班加点我也会克服种种困难保证按时完成。这种责任感曾让老板刮目相看，也让他放心，深知我是值得托付重任的。

比如，我有坚实的管理基础。大学时期，我选修了管理学，并考下了《企业人力资源管理师》资格证书。专业学习积累下来的关于管理的各种理论，我理解得已经很透彻，所以无论是客户的咨询案例，还是公司内部讨论，只要是涉及管理方面的问题，老板都会听听我的意见。

第五章　学习一辈子是一件很酷的事情啊

与此同时，工作之余就是我增值的时间，我把别人用来逛街、追剧的时间都用来阅读，用来写作。我还利用业余时间攻读 MBA，既深化和完善了自身的知识体系，也结识了不少行业精英，扩展了人脉。

一旦让老板看到我自身的价值和潜力，尤其是这种知人善用的老板，我根本不用去考虑那些政治手段，一是没时间，二是没必要。

如果老板再培养一个人选或者另外找人替代我的话，将要付出更高的时间成本和经济成本，所以升职加薪时，他自然会考虑到我。

让自己不断增值，让自己不断变好，是解决一切问题的关键。

当你成为不可替代的人，到时你不用苦命争取，不用辛苦挣扎，该有的都会有，该来的都会来，一切自然如你所愿。

姑娘,你要学会经营自己

趁年轻,去拼搏,去闯荡

1

周六早上七点,小喻被一阵急促的电话铃声吵醒。迷迷糊糊中她接通了电话,只听见一个熟悉的声音:"你到底想好没有?"是妈妈打来的。

"爸爸已经给你找好工作了,你该做决定了。"

"我还没有决定好,再想想。"小喻回答道。

"有什么好想的,回家安安稳稳多好。"妈妈再三解释道,"你一个女孩子,我们不求你有多大的出息,只希望你健康快乐。"

"好好,我再想想。"小喻搪塞着。

"我们不是想把你留在身边养老,是担心你一个人在外面受委屈,没有人给你撑腰。"妈妈深叹了一口气,继续说道,"我们手伸不了那

第五章　学习一辈子是一件很酷的事情啊

么长,帮不上你。"

"一家人在一起热热闹闹不好吗?"

当时,小喻的眼泪差点就出来了。

临近毕业,小喻感到前所未有的迷茫,是留在大城市发展,还是回老家发展?

有朋友说会选择回家乡,因为那里有归属感。

有朋友说会选择大城市,因为那里机会多多。

也有朋友说会选择某小城,因为那里有真正的生活。

……

到底是该回家安稳度日,还是在大城市闯荡,这个问题永远都不会有一个绝对标准的答案。但毋庸置疑的是,女人的青春很美好,也很短暂,做想做的事,才不辜负自己。

2

陈霄和柳柳是大学同学,陈霄的梦想是成为一名导演,而柳柳却想寻求一份类似公务员的安稳工作,然后相夫教子。

陈霄为了实现自己的梦想,拿着剧本跑遍无数家影视公司,经常拿着微薄的稿酬收入。柳柳通过自己的努力考上了公务员,可是之后却过上了喝茶看报纸的生活。

陈霄的剧本越写越棒,最终成为多家公司的抢手货,柳柳却习惯了朝九晚五，穿着从淘宝上淘来的衣服，杯子里泡着速溶咖啡，刷刷剧，聊聊天。

"哎，可惜了！陈霄长得这么好看，却那么辛苦，命啊！"

"哎，我这辈子就这样了，安安稳稳，岁月静好！足矣！"

当陈霄终于实现自己的梦想，成为一位导演，拍出了人生中第一部处女作时，柳柳却面临着机关改制，濒临下岗。

当陈霄在文艺圈崭露头角，作品频频受到专业人士和观众喜爱时，柳柳却待在家里很长一段时间，现在的她是无所事事的待业者，甚至不知未来在哪里。

有人问："失业，你会担心害怕吗？"

柳柳回答说："会，这么多年除了喝茶看报纸以外，我几乎什么也没学会。"

而陈霄却笑着说："没关系，我还可以写作，不管走到哪儿，我都可以依靠写作的功底吃上饭，并且等待再次成功的机会。"

原本两个不相上下的女孩，一个贪图安逸，一个追求梦想，最终她们的人生截然不同。

生活如果安逸平稳的话，哪个女人愿意颠沛流离？只是，这种安逸应该是人生的终极目标，年轻时多拼搏，多闯荡，才能经济富足，行为自由，内心愉悦。

第五章　学习一辈子是一件很酷的事情啊

3

几年不见的师姐 Belle 从意大利归国，我们相约一起喝咖啡聊聊天。

我惊讶于她的状态：三十四岁，五岁的儿子亲手带，还开着一家甜品店，竟然比十年前还显得年轻。整个人充满了神采和活力，让人看了心生欢喜。

"看来意大利的水土养人，师姐真是越活越美了！"我调侃道。

"你现在是不是也看好我当初的选择？"师姐微笑着说道。

当然，我不得不发自内心地承认这点。

想当初，师姐因成绩好、才艺多、经验足，毕业时直接留校任教。顺风顺水做了两年后，她毅然辞职，用她的话说就是："这里的生活太安逸了，让我整个人没动力。"

辞职后，师姐开始创业，做电子商务，做商贸公司等。从学校所在的城市，慢慢向外省发展，办公地点也不停地换，越换越好，越来越高大上。

四年前，师姐说自己要出国了。

"出国旅游，还是考察？"我追问。

"留学，去看世界，去学习。"师姐态度坚决地说道，"我想要实现更大的梦想。"

据我所知，师姐的家人都反对："外面的世界有什么好？瞎折腾！"

其间师姐也有过动摇，但后来她想通了，真正的孝顺是互相理解，爸妈理解你的梦想，你也该懂得爸妈的牵挂。"他们只是不放心我的能力，那就用实力证明自己可以过得好，让他们放心。"

"不得不说，这些年的经历很棒。"师姐侃侃而谈，"不断学习新的事物，每天都能够进步一点，那种和崭新自己相遇的感觉，特别浪漫奇妙。"

师姐的人生好像一直令人出乎意料，念完硕士后，她在跨国公司做得风生水起，后来辞掉高薪工作创业做了自己的甜品店，连锁店已经开到第五家，如今过上想去哪儿买张机票就走的自由生活。

放下你的浮躁，放下你的懒惰，去努力，去学习，去拼搏。世界很大很美好，你只有不断拓展自己的天地，才能体验更惊艳的人生！

值不值，时间是最好的证明。

第五章　学习一辈子是一件很酷的事情啊

学习这件事什么时候做都不晚

1

热闹的年终会,周兰落寞地坐在一个不起眼的角落。每逢重要场合,只要没有座次安排,她总是习惯躲在人群后面。

但没有人注意自己时,她又是那么失落。尤其是看到同一级别的同事,有的被颁奖,有的被升职,她心里有一种说不出的酸涩。

几杯酒下肚,周兰突然有了倾诉的欲望,她壮着胆子问主管是不是对自己有意见:"我已入职一年半,为什么升职加薪的好事总落不到我头上?"

主管抿了一口酒,转而神情严肃地问:"你为什么不从自己身上找原因?"

见周兰一脸不解，主管接着说道："好好想想你平时的工作表现，你做事总是喜欢藏在后头，见了问题总是绕着走，就像鸵鸟一样。虽然已入职一年半，但你的工作技能和沟通能力，和刚刚入职的新员工没什么两样。实不相瞒，如果你再继续这样下去，经理会考虑辞退你。"

"周兰，这里需要修改，你处理一下。"

"不好意思，这个我不会弄。"周兰扒拉着鼠标，很抱歉地说。

"小周，这个问题交给你吧。"

"我不会，之前没了解过。"周兰有些不好意思地说。

"周兰，你和客户沟通下，争取这周出来初版吧。"

"我不擅交流，还是你去吧。"周兰很顺口地说。

……

以上是主管多次沟通安排工作时，周兰的回复。一开始，周兰还带着真诚的歉意，但后来她发现自己不会的事情，主管就会另外安排他人带着自己一起做，或指导她做，她不必担负太多的责任。于是，就变成很理所当然的"我不会"。

渐渐地，主管很少安排重要工作给周兰，因为这样还得搭上半个人摸清她不会的原因，然后进行指导，在项目紧张的情况下，人力和时间都浪费不得。

而周兰，自然失去了很多成长的机会，变成了各个项目都不太愿意用的"闲人"，由于没有独立解决过重要问题，她自身的能力提升很慢，

第五章　学习一辈子是一件很酷的事情啊

个人成长受阻。

在通往优秀和成功的道路上，周兰用"我不会"将自己堵死了。

每一句理直气壮的"我不会"，隔断的都是一项新技能，积年累月，它抽丝般耗掉你的干劲、你的闯劲、你的冲劲，最后你失去的就是一个丰盛的人生。

世间哪有什么"我不会"的事，"我不会"的潜台词往往是"我不想""我懒"……

2

J小姐长得年轻漂亮，说话也是甜甜的。她是公司的网络工程师，主要负责公司网站的开发和维护。别看J小姐年纪不大，懂的东西却不少。

经她开发设计的网站，界面整洁大方，版块一目了然。平时谁的电脑出现故障，一问她准能解决。谈起线上活动策划，她也毫不逊色。

她几乎什么都会，我简直要怀疑，这是个天才少女。

后来和J小姐聊天，我才了解到，她并非一开始就优于常人，"我自小就不聪明，尤其是对数学，简直一窍不通。数学老师讲几遍的例题别的同学都懂了，就我处于云里雾里的状态，但我天天认真学，课课用心听，课后时间也丝毫不放松，最终高考时数学成绩139分"。

"你很努力！努力的人都可以改写命运。"我由衷地赞叹道。

"没那么深奥。"J小姐笑着摇摇头,"不会,就去学啊!"

"你知道吗?"J小姐神秘地一笑,"其实应聘这份工作时,我根本不了解线上推广。但负责面试的主管认为,只有了解线上推广,才能透彻执行公司方案。"

"为了争取到这份工作,我当即回答我可以学,于是主管让我一周后来上班,并自己做出一个线上推广方案。"

"我可以学",这四个字让我心头一震。

J小姐喝了一口水,接着说:"面试出来,我立即上网搜索线上的推广方案,之后的两天夜以继日地将常见的推广方案快速自学了一遍,学习思路和方法。光看不练假把式,第三天我就开始着手做简单的项目了,其间我还请教了网上和身边做推广的朋友,反反复复练习。之后,我又请教一位专业策划师,做了一些交流和讨论,并对之前所做的方案做了改善……"

"不会,就去学。不然呢?永远不会吗?"J小姐带着坚定的微笑说,"我不比别人聪明,但是我也学到东西了。当然,仅一周时间学到的东西并不牢靠,所以现在我参加了一个培训班,继续努力学习中。"

"我可以学",这四个字虽然简单,却蕴含着无穷的力量。这是一个人骨子里的自信,面对未知事物的自信,对自身学习能力的自信:只要我想学,还能学不会吗?

成长的金律就是,把所有的"我不会"改成"我可以学"。

第五章　学习一辈子是一件很酷的事情啊

3

大学时期，我一直后悔自己小时候没有学一样乐器，以至于没有什么拿得出手的才艺，丧失了表现自己的机会，丧失了认识朋友的机会。

当看到那些多才多艺的女同学，出现在学校的各种晚会上，或唱歌，或伴奏，赢得了诸多关注和欣赏，乃至成为学校风云人物时，我羡慕之余，又有些郁闷，心里开始埋怨老天的"不公平"。

就在半年前，我报了一个古筝学习培训班。琴行里基本都是小孩子，初次去跟老师沟通的时候，她以为我是给家里小孩报名的，有些小尴尬。

"现在学，不太晚吗？"同行的家长问我。

真是糟糕，很多女人觉得学习这种事走出校门就和自己无关了。

但我很肯定的是，我很喜欢学古筝，我不想再拖延，更不想再后悔。最重要的是，我觉得一个人一辈子要会一样乐器，一样自己喜欢的，在高兴时，不高兴时，都可以自娱自乐的一件乐器。

每天晚上，我尽量不玩手机，不看电视，然后抽出时间学古筝。一开始因为技术不到家，经常被亲戚朋友说："你的古筝弹奏得不怎么高明。"

的确不怎么高明，任何会弹古筝的人听到我的演奏都会皱眉，可我并不在意。谁不是从不会到会的，难道就因为不会，我就要放弃这一爱好吗？当然不会。

我一直不高明地弹着，而且弹得很开心。现在，我的手法越来越好，已经可以流畅地弹出一曲简单的《茉莉花》。

说实话，我觉得人生才刚刚开始，想要体验和学习的还有很多。而这一系列的付出和成长，让我依然认为自己是蓬勃而精彩的。

活到老，学到老。学习，永远不晚。

时刻保持学习的热忱，对世界充满探索欲，这就像是在接受一种邀请，带你去尝试人生各种精彩的邀请，如此生命的每个时期都是年轻的，美好的。

第六章

你的青春很珍贵,不是用来挥霍的

每个人只有一次的青春,

特别而珍贵,

经不起挥霍和浪费。

在自我肯定与自我否定之间,找到成长的平衡点

1

将近凌晨,忽然接到智艺的紧急呼叫,一开口就是"我感到人生很绝望"。

这句话使我内心"咯噔"一下,立刻把自己从已然困成狗的状态中强行拽醒。

智艺是我叔叔的大女儿,其实从名字上就能看出,叔叔婶婶对她抱有很高的期望,希望她将来能成为智艺双馨之才。

在父母的严格培养之下,智艺每天就像上满了发条一样:我要认真学习,不负父母的期望;我要好好工作,不负领导的赏识……

她总想面面俱到地做好与自己相关的一切,这样脚踏实地的努力换

第六章　你的青春很珍贵，不是用来挥霍的

来的是优秀的成绩、出色的业绩，以及光明的未来。

对于智艺，叔叔婶婶一直引以为傲，可我却从她的标配笑脸中感受到一丝勉强，也隐约发觉她的言语中有些失落，有些疲惫。我知道，她一贯是个报喜不报忧的孩子，太多东西都是自己在默默承受。

终于今天，智艺有些崩溃了，压垮她的最后一根稻草是一次不算成功的项目。"做项目时我疏忽了一个细节，完成度不是很好，我突然间觉得自己失败极了！我怎么这么笨？有时，我觉得自己比别人都好，但偶尔一次失误，也叫我确信自己没有价值，我感到好累好累……"

这么优秀的女孩为何竟有这样痛苦而复杂的内心？

在我认为，这与情绪管理有关，但更重要的是思维认知——尚未学会接受自己的不完美，并抗拒和否定真实的自己。这就仿佛体内两个人在互相拉扯，这种拉锯战式的自我斗争非常内耗，总让人矛盾又痛苦。

唯一能改变这种状态的方法就是：接纳真实的自我。无论身上好的部分，还是坏的部分，都要完完全全地接纳。

2

在英国电影《至爱凡·高》中，邮递员之子、年轻人阿尔芒因经常帮凡·高送信，了解到了凡·高的事迹，为之触动，他决定去当兵。

他告诉父亲："他们说我擅长打架。"

父亲告诉他："孩子，你要知道你为了什么而打架！"

当内在匮乏的时候，我们往往会寻找外界的建议，但一个人的自我若以别人的感受为中心而构建，往往就是一个虚假的自我。

所谓真实的自我，即我就是我，我深知自己是个什么样的人，我不再受别人的情绪或者行动的影响，我接受自己现在不完美的样子，如此真实的自己自然就现身了。

3

我是一个比较慢热的人，平时喜欢跟熟悉的人待在一块儿。可生活中总有一些时刻，需要跟陌生人相处，比如和新同事相处，拜访新客户等。

这个时候，我的尴尬症就犯了，不善表达，反应迟钝，而且特别容易紧张。碰上不熟悉的人，难免被贴上标签——"此人真内向"。

尽管我知道自己为人真诚不虚伪，但一直以来，我都很羡慕那些能在人群中谈笑自如，能说会道的人，相反有点讨厌自己的慢热。

和别人一起聊天时，我会尽力寻找话题，但最后自己却一点也不高兴，更加情绪化，更加质疑自己。

学姐奕欢性格外放，嘴皮子也麻溜，人再多，面孔再生，她也绝少冷场。一次相约吃饭，我逮住机会询问怎样才能变得像她一样："我想改变慢热的性子。"

"你知道我为什么喜欢和你在一起吗？"学姐眯眼笑着问我，"虽

第六章 你的青春很珍贵,不是用来挥霍的

然你慢性子,但只要认定的朋友你都会真心对待,这胜过一切套路。"

被人理解的感觉真好,可我仍然有些不甘心:"外向的人更受欢迎呀?"

"如果这个世界都是外向的人,那会不会太吵了?让我们互补吧。"学姐一把抱住我的肩,"越是做自己,就做得越好。"

当我认知到自己不善社交,但也可以很优秀时,我的自信开始一点点提升。现在的我依旧慢性子,不够巧舌和圆滑,但朋友们渐渐开始了解我的性格,反而更喜欢话语不多,但每句话都是发自肺腑的我了。

这些年,我因追求完美而伤痕累累,而在放手的那一刻,却发现自己从未如此完美。

"愿你成为最好的自己",以前我喜欢如此祝愿别人,但现在我更愿意说"你是最好的自己",与真实的自己和解,不纠结,不拧巴,不内耗,这是人生最高级别的自爱。

作家黄碧云说过一句话——"期待莲花,长出的却是肥大而香气扑鼻的杧果"。

莲花和杧果虽不同,却没有孰轻孰重之分,都是芬芳的源头,皆有赏心悦目的价值。

安然接受,甘之如饴,生命赋予你的都是礼物。

你就是你，不需要讨好任何人

1

贞贞是一位刚入公司的实习生，一天她突然问我："我是不是很讨人厌？"

听到这话的时候，我十分惊讶。

贞贞是一个非常招人喜欢的女孩，虽然她只是新入职的毕业生，但是待人接物的方式，常令人感觉愉悦和舒服。

比如，公司开例会时，她常会提前几分钟给大家斟茶倒水。领导或同事们发言时，她会非常专注地听着；团队聚餐，轮到她点菜时，她会考虑到大家有什么忌口等问题。

贞贞处处表现出对别人的尊重和体贴，而且我能感受到她发自内心

第六章 你的青春很珍贵,不是用来挥霍的

的真诚。一直以来,我都很喜欢善解人意的女孩,所以对贞贞颇有好感。

"大家对你的评价一直不错。"我疑惑地追问,"这是怎么了?"

"我私底下听说,刘姐对我有意见,说不喜欢我这样的人。所以,我想打听一下,我到底哪里做得不好了,我可以改。"贞贞颇为苦闷地说道,"现在,我对自己的一言一行、一举一动都会忍不住掂量,好累。"

我没有正面回答贞贞的问题,而是反问道:"你是如何看待自己的?"

"我……"贞贞一脸茫然,不知如何回答。

我耐心地解释道:"你就是你,你究竟是怎样的你,在于你怎么看待自己。让所有人都对你满意,是不可能的,也没必要。"

每个姑娘都渴望得到喜爱和认可,多多益善,但一千个人眼中有一千个蒙娜丽莎,无论你多么优秀,无论你多么努力,你都不可能让所有人都满意,这是亘古不变的事实。

所以亲爱的,别再因别人的一句否定而疑惑、苦恼甚至痛苦,你只需问心无愧地做好自己就可以。

2

"服务员,给我再来一瓶啤酒。"高斐一边撸串一边喊道。

桌子底下已经摆四个空瓶,这是她喝的第五瓶啤酒了。

高斐大高个,性格开朗,说话也很幽默,是朋友眼中的开心果,有

她在就永远有聊不完的话题，但她最大的缺点就是女汉子……

大学期间，她是舍友们的"大姐大"，走路带风，霸气无比，遇到困难挺身而上。有委屈你会向她倾诉，有麻烦你会找她摆平。

毕业之后，在租房子住的日子里，矿泉水自己扛，灯泡自己换，马桶自己修，蟑螂自己打，生病了自己看病拿药。钱包被偷了，抓住小偷，一个人跑到派出所……

久而久之，所有同学们都称呼高斐为"女汉子"。

此刻，她正用牙齿咬开瓶子，端起酒瓶子就开喝起来。

"这本就是意料之中的事，你不用这么难过吧？"对面的女孩正喝着橙汁，"班长本就是我们学校的男神，拒绝的女生多了去了，不差你一个。"

高斐"扑哧"就笑了出来，"我只是单纯想喝酒，其实我早就想通了，既然班长不喜欢我，那我也没有办法勉强他喜欢我，反正世界上总有人愿意喜欢我。"

说着，高斐拿出手机，"我最近迷上了毛笔字，练习了大约一个月，你看这几个字是不是写得很有味道？"

那是一幅用隶书写的"宁静致远"，高斐晒在了朋友圈，但第一个回复是一个冰冷冷的留言："告诉你，现在练毛笔字，没用！"

对面的女孩正想安慰高斐，高斐却没有丝毫的不悦。

"你不生气？"

第六章　你的青春很珍贵，不是用来挥霍的

高斐轻轻一笑："毛笔字要一笔一画地写，来不得半点浮躁和敷衍，这个过程能让我享受到片刻的宁静，所以我愿意用这些清雅的东西愉悦自己。既然如此，又何必让别人叨扰我的雅兴。"

这，或许正是高斐深受欢迎的一面。

荣格曾经说过："与其做一个好人，我宁愿做一个完整的人。"

你该明白，故作讨喜的样子，换来的并不是真情。只有好好维护自己的骄傲，活出最真实的自己，你才算一个完整的人。当你不去做人人都喜欢的姑娘时，定会有一个人很喜欢很喜欢你。

因为真正欣赏你的人，喜欢的永远是你骄傲的样子。

3

初涉职场时，我对待工作一贯认真，业务上手很快。一位上司非常看好我，但有段时间，我发现她突然不怎么和我说话了，这让我很是烦恼。

我十分忐忑地从工作业绩查到工作态度，感觉自己并没什么疏漏。那段时间，我每天都在细细回想，到底是哪里让上司失望了。

上班时，我的心理压力很大，生怕自己哪里做得不好，也担心被突然开除。怀着这样重重的心事，那段时间我的工作效率下降不少，整个人的生活状态也变得消极了许多。

事后，我才从其他同事口中得知，上司那段时间只是牙疼，不敢多说话,这时候我才松了一口气。

后来我和上司提到这件事,她非常严肃地说:"人与人之间最舒服的关系,是谁也不必讨好谁,对领导亦是。你只要做好分内的工作,其他的不失礼节就够了。"

我恍然大悟,刻意讨好对方才能维持的关系,是绝对不会长久的,因为它建立在不平等的基础上,而且这也是一种不自信的表现。

一段健康的关系应该完全平等,互相尊重,在此基础之上,才能长久。所以,你要做的不是讨好,而是努力。努力地提升自己,有力地证明自己,到时何须讨好?

第六章　你的青春很珍贵，不是用来挥霍的

成熟，不是做一个懂事的女孩

1

张迪和朋友一起去吃烤鱼，她要了一瓶白酒，喝着喝着就红了眼眶。

"这酒劲儿，可真大！"张迪扯出一张纸巾，用力擤了擤鼻子。

"听说你分手了？"朋友小心翼翼地问，"好好的，怎么分了？"

张迪愣着发了一会呆，才回答道："我该懂事一点。"

"你还不够懂事？"朋友一脸惊诧，"你是我认识的人中，最懂事的姑娘了。"

"别的不说，就说工资。"朋友进一步补充道，"我们哪个不是一发工资就犒劳自己，有时还要父母接济一下。就你，一发工资先给家里打钱，剩下的钱别说买衣服，下馆子，够你吃饱就不错了。"

提到这个，张迪忽然号啕大哭，往事一幕幕涌上心头。

张迪生长在一个重男轻女的家庭，从小到大，父母都是对弟弟疼爱有加，好吃的、好玩的，统统归弟弟所有。如果张迪吵着要，妈妈就会训斥她："你是姐姐，要让着弟弟，知道吗？"哪怕是再想要的东西，张迪也不敢"不听话"，因为她想做一个懂事的好姐姐。

张迪学习努力，成绩一直不错，高考时考上了省重点，但父母却坚持让她上市里的一所师范学院，因为可以免学费，还有生活补助。张迪不愿意，父母却说："你怎么一点也不懂事，家里就这点钱，给你交了学费弟弟怎么办？"听着父母的唠叨，张迪只好忍痛修改志愿。

毕业后，张迪在市里一所小学任教，她平时省吃俭用，把攒下来的钱寄回家贴补家用。一位男老师对她很照顾，她对对方也心存好感，但两人刚刚走到一起，就被父母的一通电话打断，"男教师有什么出息，不如回家找个有房有车有钱的，你弟弟找工作、结婚都需要钱的"。

像以往一样，张迪听从父母的安排，和男教师提出了分手，却惊诧地发现，内心如同上了一层又一层枷锁，束缚得自己无法呼吸，无力挣脱。

不知从何时开始，"懂事"成了衡量一个女人教养、品德、心智的标准，以至于一些姑娘总要小心翼翼地面对周围的人和事，生怕因为自己的一点想法而惹来众怒。

但结果呢？"懂事"两个字就像石头一样，压得人举步难行。

第六章 你的青春很珍贵，不是用来挥霍的

2

小时候，我常被大人说"懂事"，当时我并不十分清楚这个词的意思，只知道这是在夸自己，也就引以为傲地接受了。

小时候，我体谅家庭的经济状况。和爸妈去逛街，看到喜欢的东西，明明很想要，看到妈妈没有要给自己买的意思，再喜欢我都会绕过去，因为要懂事。

再大些，因为是家里的大女儿，所以无论妹妹怎么弄乱我的房间，无论我有多么生气，我都不可以骂她。因为我是姐姐，我要懂事。

参加工作后，作为"懂事"的员工，我从不会偷懒，不仅会认真完成自己的职内工作，还得完成同事借口回家逃离的重要工作。经常加班到很晚，不是因为自己的工作做不完，大多是在帮别人做工作。

可"懂事"真的好吗？我一直以为这样的自己很成熟，但其实内心并不开心，相反没缘由地觉得疲惫。

更气愤的是，一次同事请我帮忙完成剩下的工作，工作完成后也是由我代签确认的。结果，同事做的那一部分错漏百出。而经理知道后，却只骂了我，因为最后签名的是我。而那个同事，非但没有替我解释，甚至连安慰道歉的话都没说。

"任何一个人都会在某一刻突然意识到时间的珍贵，并且注定因为懂事太晚而多少有些后悔。"这段话摘自某一本书。

没错，我已经肠子都悔青了。我也明白了，很多时候，所谓的懂事不过是放弃自我，舍弃自己的愿望，舍弃自己的想法。而真正的成熟从来不是懂事，而是有本事按照自己的想法生活，大胆说出自己的需求，敢于争取自己的利益。

相信我，如此你一定能体会到一种更美好自由的生活！

3

蕊是我的发小，她和我完全不同，经常被说成"不懂事"的野丫头。

记得小时候，她铁了心想要买一双五百多块钱的轮滑鞋。五百多块钱在当时是一家人一个月的日常开支，她爸妈当然不同意，还说她不懂事，不体谅父母的不易。

我以为这事儿就算过去了，但蕊愣是软磨硬泡地得到了那双轮滑鞋，她铿锵的轮滑动作看起来那么潇洒，尤其是她脸上满足的笑容，一度让我羡慕至极。

蕊不是那种聪明的孩子，她的成绩一直在班上中下游。"反正我也不是学习的料，这么耗下去白白耽误时间，不如我去上职高。"

我以为蕊只是说说而已，谁知她高二时真的转入了职高，据说她妈哭红了眼睛，也没有劝住她。周边的邻居私底下都是指责蕊的，说她太任性，不懂事。

蕊报了一个服装设计班，她平时就喜欢拿着剪刀"搞破坏"，据说

第六章 你的青春很珍贵,不是用来挥霍的

家里不少的旧衣服都让她偷偷练了手。

后来,我和蕊就少了联系。听说毕业后,她一个人去了广州,她的选择还是招来许多不满的声音,说她这么大了不结婚,还跑那么远,一点都不为父母考虑,真是不懂事。

直到2017年夏天,我见到了蕊。她一身黑白色连体裤,长发微卷,烈焰红唇,那么耀眼,浑身上下散发着自信的气息。现在的她,已是一家服装公司的设计师。

最终,"不懂事"的蕊做着自己热爱的事业,过上了想要的生活。

蕊从不违心装作"懂事"的样子,就算被人说成是没教养、自私的人,她也无所谓。因为她知道自己想要什么,有目标,亦有方向。正如她自己所说:"世间人只关心我懂不懂事,只有我知道自己想要什么。"

你到底在想什么,你最真实的心意和心愿是什么,这才是你应该在乎的事。

你不必那么懂事,那么成熟,甚至可以偶尔任性,偶尔叛逆,你该活得极致与舒坦,而不是委屈和难过,这样才不辜负短暂一生里璀璨的年华。

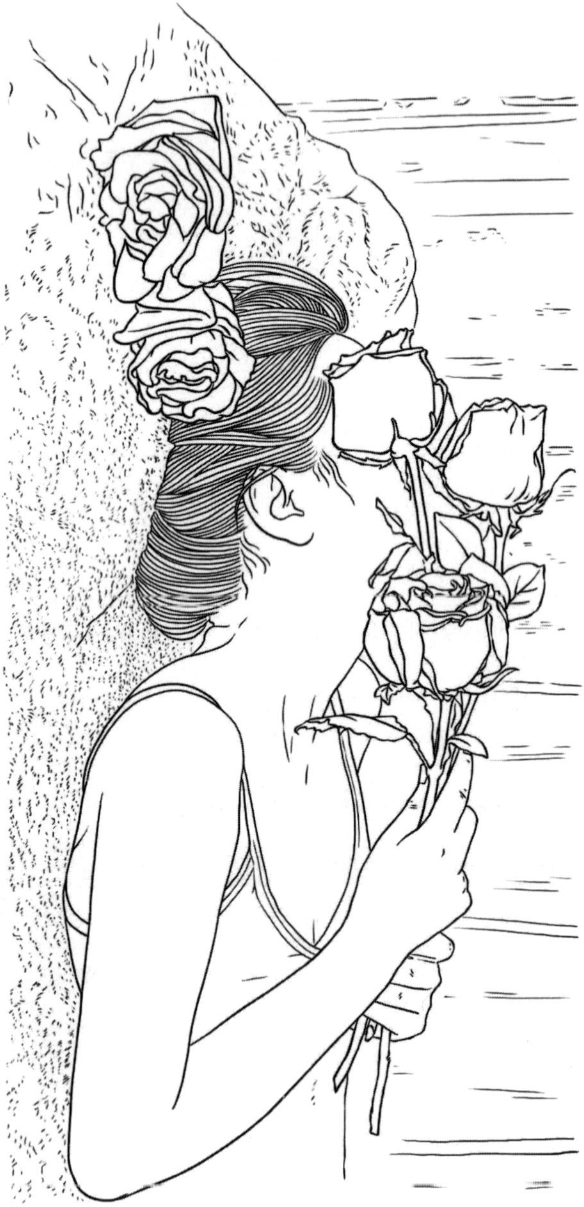

第六章　你的青春很珍贵，不是用来挥霍的

知世故但不世故才是真的温柔又坚强

1

新来的实习生被骂哭了，小姑娘哭得梨花带雨。

她有理由哭，自己辛苦一周多做出的海报，获得了老板和客户的好评，却被组长抢功了。她踌躇着和组长小声申诉，却被劈头盖脸骂了一顿。

坐在一旁的楚玉假装没有看见，没有听到，埋着头做自己的事。组长骂完离开后，实习生嘟囔着说不公平，楚玉连头也没有抬一下。

虽然楚玉很同情对方，但她不想做下一个挨骂的人。

"社会和学校不一样，没人会拿你当孩子般宠着，更有人会利用你、伤害你。你要学会圆滑处世，见人只说三分话，千万不能任性妄为。"

"单位人多眼杂，关系复杂，关系不好处，一定要小心点。一个不小心，就有可能被人揪住小辫子，让你哭都没有地方哭。"

……

自毕业后，父母就一直如此叮嘱楚玉。上班第一天，她满脑子都在重复这些话，因为害怕被利用、被伤害，她处处提防着，特别小心谨慎。

就这样，身上的青涩味道还未退却，楚玉就披上了成熟世故的外衣。在公司，她努力把少女心藏起来，也把自己的脆弱、任性和不成熟藏起来，让自己变得隐忍冷静、圆滑世故，就像现在一样……

她把这些当成一种成长的代价，但夜深人静时，她总觉得迷茫不已，无比怀念少女时代的那个单纯的自己，也会忍不住问自己："这样真的好吗？"

青春的时候，我们总怕自己不成熟、会受伤，渴望早些懂得人情世故，可往往又无法掌握其中的分寸，结果过于世故，扭曲了个性，泯灭了自我。

2

为家庭琐事操劳，与社会人事周旋……这是每个女人必有的阶段，也是人生中最漫长的状态，有时光想想都觉得无趣至极。

"人充满劳绩，但是要诗意地栖息在大地上。"荷尔德林这句话告诉我们，即使人生匆匆，也要保持一份天真，追求美好。

在摸爬滚打中慢慢学习成人法则时，我们会经历很多，从幼稚到成

第六章　你的青春很珍贵，不是用来挥霍的

熟，从简单到复杂……身上难免会长出自卫的刺，生出保护自己的盔甲，却别忘记生出一颗柔软的心。

深谙世事却不世故，历经苍凉却不失纯真，才是真的温柔又坚强呢。

3

徐蕾长得不算漂亮，但别人总会被她深深吸引。

有人说，她的眼神明亮清澈，令人看了赏心悦目；

有人说，她身上一直保存着天真，总让人想起青春的时光；

有人说，她总是活得很快乐，让人有种想跟她谈恋爱的感觉；

……

这是一种怎样的魅力？我思考了许久，最后才想起可以用一句话来概括，就是："深谙世事却不世故，历经苍凉却不失纯真。"

每次出行，看见街边的乞讨者，徐蕾总会主动走上前丢几块钱。

有一次我正好同行，见此情景，急忙制止道："他们大部分都是骗人的，甚至比你还富裕许多，你给他们钱做什么？"

徐蕾笑着说："我又不傻，怎么会不知道，只是不愿去深究是真是假。我只是做了良心叫我做的事，问心无愧就可以了。"

她的回答很简单，没什么大道理，却余音绕梁般在我心中回荡，久久不能散去。

徐蕾总是没有心机、单纯地对待他人，用她的话说就是："世界就是一面镜子，你复杂，它就复杂。你简单，它就简单。"她处处在生活里保护内心的那一份纯真，这大概就是那么多的人都喜欢她的原因。

　　哪怕一路跌跌撞撞，内心依然纯洁如初，这是见过生活的凌厉，依然内心向暖的勇气。晓世故之情，不为世故之人。如此，便能体会到生活的情与趣，最终人见人爱。

第六章 你的青春很珍贵，不是用来挥霍的

所有成长的秘诀都在于自我控制

1

常璐出了地铁，随手在站口买了一份烤冷面拎回家。她的家离地铁只有七八分钟步行距离，当初她特意用贵一些的价格租下来，为的就是不必在交通上花费太多时间，让自己能够多休息、多充电。

想法是好的，但是每天辛苦工作一整天，回到家头晕眼花，常璐只想找点娱乐。匆匆忙忙吃完烤冷面后，她开始躺在床上玩手机。刷个网页、聊会小天、逛会淘宝……不知不觉快到晚上十一点了！

"早点休息"，有短信，是位好友发来的。

"好的，你也是。"常璐笑着回复，然后开始洗漱。

本来都关灯准备睡觉了，可常璐还想玩会，手指不停地滑动着手机屏幕，一直到困到睁不开眼睛才肯放下手机。

当然，晚睡的结果就是白天精神不集中，无法认真地完成工作。好几次她都因为太困、没精神而犯错，还被老板批评。

常璐下定决心，晚上多看书，多学习，早些睡觉。但一旦摸不到手机，她就会没来由地心慌，认为自己错过了重要消息，认为耽误了电视剧进度，认为自己冷落了朋友……于是会找很多借口来证明自己必须看一眼手机，当然，有第一眼就会有第二眼、第三眼。

结果，常璐的状况没有丝毫好转，还越来越糟糕。

明知道自己不该怎样做，但还是去做了；明知道自己该怎么去做，但是就是没去做。一个缺乏克制力的人是很可怕的，这恰恰说明你身不由己，连自己都控制不了。

你连自己都控制不了，还怎么掌控自己的人生？

2

知乎上有个问题："你最深刻的错误认识是什么？"

评价最高的是："以为自由就是想做什么就做什么。"

人生最美好的事情，就是能够按照自己的意愿做自己想做的事，用自己的方式过自己想过的生活，这也是每个姑娘该有的样子。

没有哪个女人不渴望自由，但所谓自由，不是随心所欲，而是自我主宰，这是一种必要的自我控制，意味着，我们有意识地控制自己，有

第六章　你的青春很珍贵，不是用来挥霍的

目的地去做事情。

很多时候我们控制不了别人，却能够通过控制自己打开一个新世界。

3

赵蕴是我在健身房认识的姑娘，她是那种会让人感觉眼前一亮的美女。168cm的身高，身材纤细苗条，体形凹凸有致。听说，从小到大她的体重从未超过一百斤。

"像你这种好身材，哪里还要健身？"我不解地追问。

"我从小就爱美，不允许自己长胖，平时饮食讲究少油少盐，就算是外出饮食，我也不会大吃大喝。"赵蕴笑着解释道，"但身体线条不够美，便开始健身。"

听教练说，这么多年赵蕴每天都来健身，所以才能拥有如此完美的身材。

看得出来，这是一个自我要求非常严格的姑娘。熟悉之后，我了解到，赵蕴的这种严格体现在生活的方方面面。

她不偷懒，不拖延，总在规定的时间做着该做的事情。比如，早上六点半，闹钟响起，绝不赖床。当她开始做一件事情的时候，总是先严格规定时间，并要求自己必须在这个时段完成。

有一段时间，她想重拾英语。看着让人头大的英语单词，她一遍遍枯燥乏味地背诵，虽然不是学生没有考试的压力，可是她自己给自己要求着。至今,她已经能说出一口非常流利的美式英语。

赵蕴认真地对待每一天,自律地做好想做的事。一年又一年,她总是能比别人多做很多事情,升职加薪喜事不断,整个人充满了自信和优雅。

瞧,自我控制所带给女人的自由,恰恰就是掌控自己生活的能力。一个女人若能从里到外都控制好自己,就会像一件艺术品般散发出迷人的魅力。

最好的控制,是自我控制。这不需要你花很长时间准备,也不必下定很大决心开始,它就是一件一件小事,比如每天早上六点起床,每天读半小时英语,运动半小时,等等。

愿你多多努力,永不停息,精彩无限。

第七章

无所畏惧地爱一个人,就是青春啊

无论你拥有过怎样刻骨铭心的爱情,

经历了多少痛哭流涕的曾经,

永远都不要丧失爱的勇气。

爱情无规则，好不好只有自己最清楚

1

Eely 外貌姣好，而且多才多艺，却一直孑然一身。这倒不是因为她的追求者甚少，而是在关于未来伴侣上，她有着太多的标准和要求。

身高 175—185cm，长得帅；

一定要会做菜，合我口味；

声音要磁性，唱情歌很好听；

笑容很阳光，给人很温暖的感觉；

我怎么发脾气都不生气，懂得哄我；

……

"哎，你不用找了，因为你嫁不出去了！这些都把人吓跑了！"姐

第七章　无所畏惧地爱一个人，就是青春啊

妹们揶揄道。

直到遇见安辉，Eely 发现这些预定的条框都没有了必要。

安辉长得普普通通，皮肤黝黑，个子也不高，在很多方面都不符合 Eely 曾定的种种标准，但是他一出现就慌乱了她的年华。

他们相遇在大学的戏剧社，一起合作舞台剧《图兰朵》，Eely 饰演公主图兰朵，安辉只是一名不起眼的随从，就像现实中的他们一样相差太多。

感受到 Eely 的爱意时，安辉有些受宠若惊："你喜欢我什么？"

"我喜欢他什么？"Eely 也想不明白，她就是觉得和安辉在一起时，不必像往常一样摆出最"得体"的姿势、显露最淑女的气质，而是可以无所顾忌地做自己。

Eely 常觉得自己只会读书，为人沉闷不太有意思，但是安辉不仅肆意洒脱，而且讲话的时候那么有趣，总是能让她笑。

"我喜欢你没有什么理由，虽然可以有理由，例如你很善良，你是好人等，但主要原因大概是你全然适合我的趣味。"

听上去很奇怪吧？但这就是爱情。有时候我们喜欢上一个人，并不仅仅是喜欢那个人本身，更喜欢的是和他在一起时的自己。

爱情没有好与坏之分，只有合适与不合适。

如果你把爱情当作一场有规则的游戏，那么这种爱情永远称不上爱情，你只是在完成一项任务，也随时会被规则淘汰！

2

有一段时间我曾被催婚，只要一回到家，长辈们就会追问我的婚姻大事。

说得不耐烦时，大家就会冒出一句话："你到底要找怎样的人？"

"缘分未到，你们不用操心。"以前我都会忽悠过去，后来有一天我很认真地回复道："我的择偶标准其实很简单，就是要聊得来。"

长辈们一脸的惊讶："聊得来，多简单。"

我无奈地解释："聊得来说起来简单，却一点也不容易。在爱情里，找一个聊得来的人，你不用绞尽脑汁地思考，两人会不自觉地侃侃而谈，这种聊天就变成一种享受，这样才能走一辈子。"

我之前相亲过一位男士，出身商业家族，身边的长辈都比较看好，可我们铆足了劲儿也无法融入对方的圈子。我听不懂对方聊的生意经，对方也不屑我说的《平凡的世界》；我奋斗半年才买的单反相机，在对方眼里根本不值一提……两个人没什么话题可以深入，经常相对无言。

张爱玲曾说："我一生渴望被人收藏好，妥善安放，细心保存。免我惊，免我苦，免我四下流离，免我无枝可依。"

现代社会，女人并不需要男人多有钱多有权，只需要一份发自内心的理解，一份可以安心的依靠，让女人不惊不扰，优雅地绽放她的美。

第七章　无所畏惧地爱一个人，就是青春啊

一份好的爱情，两人相处必然是轻松愉悦的，也只有这样的关系最叫人安心。

这一生遇见心动的人不算太难，可遇到心安的人真心不易。

如果爱，请深爱

1

"感情又不能当饭吃。"这是阿春的一句口头禅，在大学里，她对女同学们恋爱里的喜怒哀乐非常不屑，每日寝室、食堂、教室三点一线，她的成绩一直很好。

当阿春说自己两个月后要出国留学时，男友是错愕的，因为这段恋爱才开始不到两个月。他追了她将近一年，结果只换来两个月的相处。

他的语气一反常态，甚至带了点责怪："这么突然？能不去吗？"

当然能，因为她爸听她的。

但阿春还是得去，她抿了一下嘴，看着前方说道："感情又不能当饭吃，我不想为这种缥缈的东西去改变我的人生进程。"

第七章　无所畏惧地爱一个人，就是青春啊

见男友红了眼眶，阿春其实也有些难过，但不到三十秒，她便调整好了心情："你会遇到更好的，再见。"

出国留学、毕业回国、参加工作……这些年，阿春一直在感情上兜兜转转，却不曾多做停留，最后她在父母的安排下，认识了一个条件还不错的男人。

他们拉手、接吻、吃饭、旅游，做了所有情侣该做的事情，对方一丝不苟地履行着男友职责，而她该表现惊喜时表现惊喜，该发小脾气时发小脾气，但这场堪称"完美"的恋情，让她一直觉得缺了什么。

最后阿春逃婚了，因为她对未来充满了不安，用她的话说就是："我还没有心理准备来迎接往后的日子，我怕用心搭建的未来会溃于柴米油盐中。"

"我很理智的。"阿春补充道。

找到阿春时，未婚夫眼里满是冷淡与不耐烦："结婚就是搭伙过日子，彼此都能从中得到自己想要的。如果你不想结，那就别结好了。"

这样的爱情平静而理智，让人怀疑双方是否曾经付出了心血。

阿春默不作声地点了酒。酒，在大学里，被她列为不良产品，她总是一本正经，可是现在她真的很想一醉方休。

2

看完电视剧《我的前半生》，我最大的感触就是：那些理智的感情

从来都不是爱。

从一无所知的实习生,到叱咤风云的白骨精,唐晶的每一步成长都离不开贺涵,两人从师生、上下级、同事关系过渡为恋人。他们是公认的金童玉女,然而完全没有恋人之间的那种状态。

唐晶的原生家庭不幸福,这让她对感情没有信心和安全感,她将更多的心思放在工作上。从底层一步步爬上来,她太懂依赖别人只会让自己陷于被动,所以,她总是让自己时刻保持冷静和理智,她不像罗子君,可以肆无忌惮地哭闹,可以旁若无人地撒娇,即便面对贺涵……

面对贺涵的求婚,唐晶没有喜悦,而是探究这背后的动机。尽管她心里爱着贺涵,但她更在乎自己的工作,为了工作,她会与贺涵抢客户,举报贺涵的错误。"我一个人三十大几,不婚不嫁没孩子,所有的经历,都要花在工作上,才能在你们男人的地盘里站稳脚跟!"

终于唐晶鼓足勇气向贺涵求婚,可贺涵却说"我不接受",理由是婚应该由男方来求,他需要准备好戒指、选个好日子。唐晶当时不想难堪,所以也逃避了。

当时我都替他们着急:"没有准备好婚戒?没有选个好日子?没有正式隆重的场合?管他呢!只要有爱这一切都不重要,好吗!"

贺涵和唐晶都是善于权衡利弊的精英,却也不免显得过于理性且利己。

爱是什么?没有人可以说得清。于我而言,爱是不计较失去,爱是

第七章　无所畏惧地爱一个人，就是青春啊

尽力去给予，爱得纯粹，爱得热烈，爱得无私。

当一个人会为你而奋不顾身时你可以断定，这是真爱。

3

贾佳决定跟先生回东北，因为婆婆重病需要照顾，那是一个偏远的三线城市，各方面发展自然不如北京。自然而然地，父母会反对，同学会不理解。而且，这边事业已经走上正轨，回老家意味着从头开始。

但贾佳满脸幸福地说："我们大概就是可以为了彼此奋不顾身吧。"为了先生，她愿意回去。因为当年，先生也是这样执着地选择跟她在一起。

说起来，贾佳也是有故事的女人。

当年贾佳与先生热恋几年准备结婚，婆婆拿着两人的生辰八字去算命，结果说八字不合。老人很相信这个，坚决不同意这门婚事。

贾佳和先生与父母争论、解释都没用，后来婆婆干脆在家一哭二闹三上吊，搞得人心惶惶。贾佳的父母也气不过，让她分手，但先生却舍不得，"管什么生辰八字，我就想跟你在一起，无论如何也要在一起"，他一边安抚自己的父母，一边再三向贾家保证，绝不辜负贾佳。

随后，两人成为"北漂"，一起找工作，做生意，生孩子，买房子……既没发生人间惨事，也没发生重大事故，辛苦着，幸福着，平淡着，温馨着。

他们的爱情简直如同小说一般，爱得热烈、冲动、执着、盲目。爱一个人到这种程度，到底是运气好，还是运气不好？

"如果你们三观一致，确认对方就是自己共度余生的人，那么就可以奋不顾身。"贾佳笑着解释说，"为了一个最重要的人得到幸福，为了转瞬即逝的一生不留遗憾，奋不顾身有什么问题？"

爱情里的付出都是为了更好地在一起，因为有爱，我们各自修行；因为有爱，我们奔向未来，犹如河流终归会奔向大海！

如果爱，请深爱！世间所有的奋不顾身都应该得到善待。

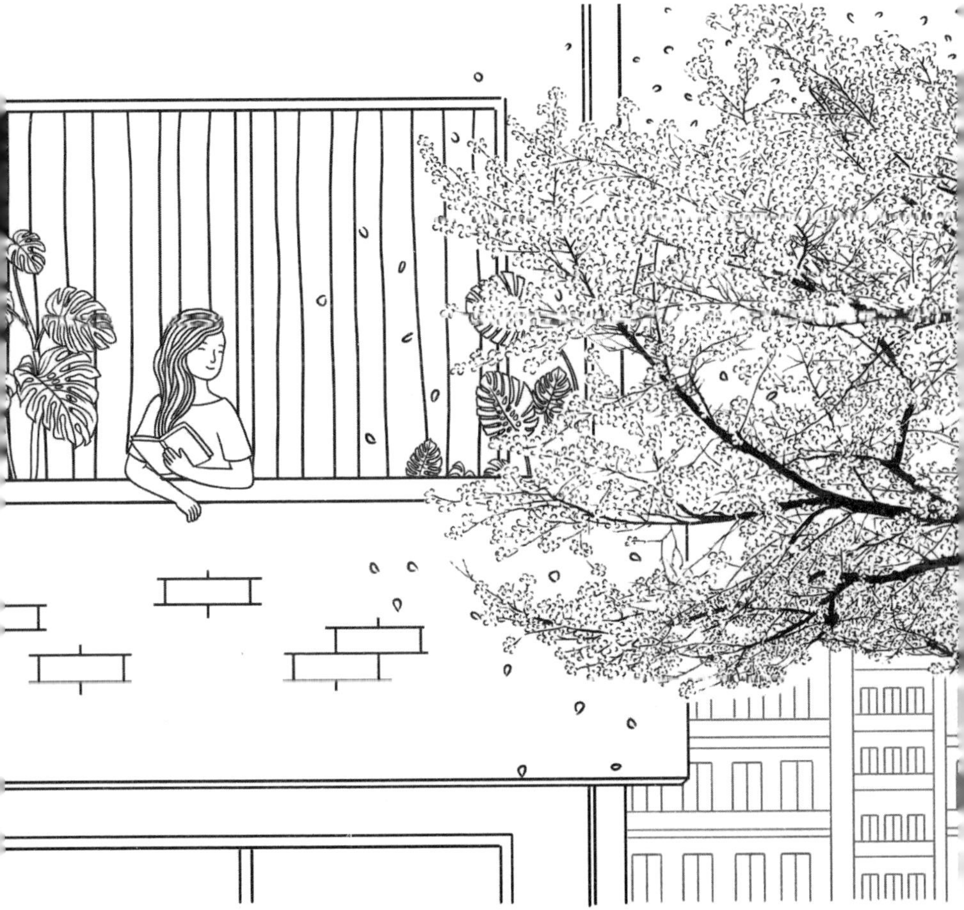

成长会让你遇到更好的他

1

曾看过一期综艺节目《少年说》中,一个高二的学妹站在舞台上对着高三的学长喊话:"我会不断努力,总有一天我会优秀到让你来认识我!"

据说,学妹偶然认识了这位学长,知道他不仅运动好,学习也很好,于是将他视作自己的榜样,前进的动力,想着能够靠近对方一点。

青春懵懂的时光里,我想靠近你一点,就想着在学习上也能更接近你一点。学妹的成绩在一次次地进步,每次想到离学长更近一点了,她就会开心好几天。

学长于她而言,就是生命里的一道光,美好而又闪耀。

第七章　无所畏惧地爱一个人，就是青春啊

这短短六分钟的视频，我记不清反复看了几次，只觉得很有感触，仿佛看到了年少时的自己，面对欣赏的人，面对崇拜的人，总想要不断地靠近对方，想要让对方看到那个更优秀的自己。

我情愿为你变得优秀，因为爱你。

那种为了一个人而努力的样子，真的是闪闪发光的。

2

大学初见朋友叶子，觉得她人如其名，似乎没什么出彩的地方。她的男友和她是高中同学，两人从一个贫困偏僻的县城考到这座繁华的城市。

或许是初到城市不适应，或许是带着乡音的口音，使两人都很拘谨，不爱说话，不善交往。可大学的短暂时光，却让他们变成了我们最羡慕的样子。

大学的每个清晨，叶子总是先我们一步起床，和男友去小广场晨读。学校的各种比赛，演讲赛、辩论赛等，两人总是相互鼓励，一起参加。学生会组织的活动，他们也会积极参与，后来慢慢变成筹划的一员。

到大三时，两人已先后拿下英语四六级、普通话等级、人力资源管理师等多项证书。

毕业季，当我们为了工作一筹莫展，为了房租焦头烂额时，他俩已被优质的公司提前录取，站在台上分享经验时，那么落落大方，自信飞扬。

我们羡慕叶子的爱情，更喜欢他们为了彼此变得优秀的那份冲劲。

婚礼上，叶子动情地说："高中时我成绩平平，也没有什么爱好，然而男友却是班里的学霸人物。我努力地向他靠近，一路变得自信，变得优秀。"

男友则回复："以前我也自卑过，叛逆过，看到你那么努力，我深深地感动。你也一直激励着我，要变得越来越好。"

只要肯努力经营自己，曾经的男神也会变成男友。

松浦弥太郎说过一段话："爱，是让对方活出自己。在长久稳定的伴侣关系中，陪伴只是基本需求，更重要的意义是赋能。这种赋能是相互的，让对方能活出最好的状态，才能被称作是最好的爱。"

我们总是期待遇到美好的爱情，却忘了要为它充实历经的过程。

3

今日情人节，周小姐喝着咖啡，看着窗外来去的甜蜜恋人，或进或出，他们都是手牵着手，笑意浓浓。而她一个人进，也选择了一个人出。

周小姐的脸上一直挂着淡淡的笑容，那么从容。

二十六岁的美好年纪，身边不是没人追求，但周小姐尚未遇到那个真正能够让她心动，让她安心托付的人，所以这些年她没有盲目投入感情，而是用心地经营着自己。

觉得自己身材胖，她便报了瑜伽班、游泳班，每天坚持半小时运动；

第七章　无所畏惧地爱一个人，就是青春啊

觉得自己皮肤不够白，她就开始学着做护理。对待工作，周小姐更是积极认真，学最多的本领，看最多的书，学最多的知识，让自己越来越强大。

"为什么这么辛苦？"有人质疑，"何不先找个人来爱。"

周小姐却笑着摇摇头说："只有让自己变得更好，才配得上自己喜欢的人。如果有一天，你遇到心动的人，却发现自己身材不好，皮肤粗糙，能力不足，你开始自卑，到时已经来不及改变了。"

现在的周小姐打扮光鲜，内心自信，事业上一片光明。"现在，我还在不断努力让自己变优秀，至少等我遇到那个优秀的他时，我有足够的底气去认识他，有足够的自信与他肩并肩。"

是的，当你变成了更好的你，就一定会遇到更好的人。你是谁，就会遇到谁。

不管是外在改善还是充盈内心，好好地经营自己吧。当你让自己变得更好，时刻准备着，最好的幸福才会来敲门。

错过以后，请别回头

1

琳子前往上海出差时，特意提前通知了周璇，约她出来喝一杯。

周璇是琳子的大学舍友，或许是因为几年没见，或许是因为有些疲惫，她言语不多，大部分时间都是安静地听着琳子说话。

"你还记得那件事吗？毕业吃散伙饭那天，我们一起玩真心话大冒险。"琳子问。

顿时，周璇身子抖了一下，她当然记得。那天她一口气喝下一瓶酒，走到暗恋的男生面前，正要开口表白，刚咽下的一瓶酒全吐了出来。

"当时我们都笑得趴下了。"琳子提起这件事，是因为那个画面太具喜感，拿出来调侃活跃气氛的，但周璇脸上却写满了凝重。

第七章　无所畏惧地爱一个人，就是青春啊

沉默了一会，周璇才开口："我暗恋了他四年，却连表白都不敢。如果大学那会儿，我表白了，是不是结局就不一样了？"

对于这段陈年往事，琳子不敢妄下评论，只好默不作声地夹菜。

琳子原本打算预订酒店，但周璇在家里已做好安排。那一宿，她们畅聊大学里的往事，聊着聊着周璇起身从书架上取出一本相册，一打开，琳子就看到一张张照片都是那个男同学。难怪上学时一向拮据的她买了个单反相机，而且常常随身携带，原来是为了某个人，多么深情的姑娘。

翻着翻着，周璇叹了口气："要是当初衣白了就好了。"

琳子一直不明白周璇深究这件事的原因，直到她处理完出差事宜准备回去时，周璇说，她被拒了。琳子以为周璇给暗恋的男生打电话表白了，被拒了。周璇说她被公司拒了，她提出升职加薪被拒了。据说，她很有能力，很有想法，但是工作状态极不好，总是心不在焉。

与周璇聊了好久，琳子才得知，原来她一直有个心结打不开。"你知道吗？我去年整理书信才发现，他曾经给我写了封情书。原来，我不是单恋。我四处打探他的消息，却得知他已结婚生子。我一直觉得自己错过了一生挚爱，如果当初我表白了，或许我们就不会错过。"

原本周璇是个多么靓丽的姑娘，现在却被这份过去的感情折磨得面黄肌瘦，眼神无光。

生活中总有错过，很多人总在叹息，总在追悔："当初要是不这样做就好了""当时如果勇敢一些，事情就大不一样了"……

但是错过的一切如同时光一样，无法找回。一直念念不忘，一直耿耿于怀，这些错失就会变成一把锋利的刀子，一刀刀在我们心上剜出血来。而且，许多美好的事物也将与我们擦肩而过。

2

"曾经有一份真挚的爱情，摆在我的面前，我没有珍惜，等到失去后才后悔莫及，人世间最痛苦的事莫过于此！"

这是电影《大话西游》中的经典段子，年轻时，不懂情事的我们总是随意挥霍，等到回首时却发现已然错过。上一秒还在甜言蜜语的两个人，有可能下一秒就会天各一方。

遗憾的是，你苦苦追求，还是没有携手的机缘；

遗憾的是，你苦苦思念，却还是不能吐诉衷肠；

遗憾的是，你们明明相爱，却只能在擦肩中渐行渐远。

无论过去的经历多么刻骨铭心，在最终画上句点的时候，也要做得落落大方，留给彼此一个美丽的姿态。那么即使错过也不算遗憾，毕竟过程很精彩。

就像电影《后来的我们》里，见清和小晓十年后偶然重逢，俩人互诉衷肠，不谈离殇，而后各自心安，更好地回归到各自的生活。

如此多好，后来，我们都成了更好的我们。

找到爱的方式有很多，但最好的应该是学会放下曾经，珍惜现在的幸福。

第七章 无所畏惧地爱一个人,就是青春啊

3

邱莹曾经爱而不得地喜欢过一个人,爱得卑微。

在一群朋友的劝说下,她终于意识到用大好的青春时光伤春悲秋,哀悼自己已经过去的爱是一件奇蠢无比的事。从此,化悲痛为动力。

她剪去长刘海儿,露出亮丽的大脑门;她学会了化妆,淡淡的脂粉让气质迅速提升;她还学着给自己搭配饮食,经常去健身房,人瘦了,肤白貌美,回头率极高。

邱莹就像一株缺水的小草一样,经过一场雨水的洗礼,生命仿佛被注入了新的活力,每天像小太阳一样给身边的人温暖。

这样的姑娘自然是迷人的,很快,一位男同事就"沉陷"了,请吃饭、献鲜花、送礼品……对方名牌大学毕业,业务能力很强,业绩很好,而且非常体贴,比前男友要好上一百倍。

"错过他,真是谢天谢地,如果我一直陷在里面,我就不会遇到现在很爱很爱我的人。"邱莹嘴角上扬的笑容洋溢着满满的幸福。

挥别错的人,才能遇到对的人。

一次就遇到生命中对的人,这不是每个姑娘都有的幸运。在遇到对的人之前,我们难免会遇上那么几个错的人。与错的人挥别时不要太过伤心,潇洒大步地向前走,要把所有好心情都留给那个对的人。

送给所有曾经错过的人,共勉。

无畏去爱,像第一次去爱那样

1

秦玥的心里有个洞,刮着刺骨的寒风。因为内心的寒凉,她总是表情淡淡,不苟言笑,尤其是对那些对自己示好的男同事,恨不得拒人千里之外。

私底下同事们都说秦玥眼光高,甚至有人怀疑她被富商包养了。听闻这些,秦玥简直要气得吐血:"我自己能养活自己,为什么靠别人?"

现在的秦玥,沉默,文静。谁知道她曾经爱笑,爱说呢?

大学时期秦玥谈过一场恋爱,两人郎才女貌,羡煞旁人。那是秦玥的初恋,她以为这辈子就是他了,带着他去见家人,畅想两人的婚礼,可对方毕业时却提出分手。原因是嫌弃秦玥出身农村,家庭条件一般,

第七章　无所畏惧地爱一个人，就是青春啊

没有好的社会资源。

分手后，秦玥哭了整整一个月，瘦了十斤。被一个深爱过的人伤害之后，这几年无论多优秀的人靠近，她总是心理本能地逃避。

朋友们曾鼓励秦玥试着放开心扉，她却说："不会了，我感觉自己不会再喜欢人了。"

"你知道这种感觉吗？"秦玥带着一丝幽怨地说，"就好比写一篇作文，你明明已经快要完成，别人却把它撕了。明明只差一个结局，你也记得开头和内容，但你不想写了，因为它已花光了你的所有精力。"

很多人，尤其是女人，在爱情里难免受伤。如果仅仅因为一次伤害，而害怕受到更深的伤害，把自己封闭起来，就丧失了爱的能力。

带给你伤痛的是那个人，而不是爱情本身啊。

"不要为了一棵树放弃整个森林！"

这句话出自希腊作家爱贝罗的《一棵树和一片森林》，用以安慰失恋者再合适不过。

2

前几年，我曾遇到爱情难题，一个人潇洒浪漫，一个人体贴温厚，几乎同时向我表达好感。妈妈说，过日子就该选后者。但我却选择了前者，年轻时谁不爱浪漫？

但仅仅相处数月后，这段爱情便戛然而止，正如当初妈妈预料的那

般，干净利落。他很浪漫，但这份浪漫不属于我一个人。我也懂了，自己曾经仰慕的这类人，只适合做朋友，不适合做爱人。

"早说你不听，受伤了才知道后悔。"妈妈痛心地说。

"如果一开始就早早看透了，还如何享受过程？"我微笑着回答，"现在的我正值青春，爱过了，没有遗憾了，即便受伤也是心甘情愿。我不忧伤，相反，我学会了成长，变得更理性了。"

爱情，之所以让人心生向往，是因为里面充斥着甜蜜。

爱情，之所以让人刻骨铭心，是因为同时充斥着伤害。

有个小姑娘曾问我："在爱情中，怎样才能只是开开心心而不受伤呢？"

我笑着说道："那就不要恋爱。"

这是个办法，只是虽然不受伤了，但也不能开开心心了。

任何事物都是有了对比方显可贵，爱情更是如此。不曾受伤，就无法感受什么是真正的感情；不曾痛哭，就不能了解谁才是真正爱你的。

3

蔡蔡约我出来喝茶，远远地看见她，化着精致的妆，神采奕奕，活力满满。看到她这个样子，我也由衷地开心。

记得去年冬天，一见面，蔡蔡未说一句话，眼泪就下来了。她穿得很单薄，整个人看上去消瘦了一圈。那时她刚刚失恋，坚持了七年的异

第七章　无所畏惧地爱一个人，就是青春啊

地恋，却发现男友劈了腿。

现在，完全看不到当时的影子。

"瞧你这精神劲儿，遇到什么好事了？"我好奇地追问。

蔡蔡扬了扬手上的戒指说："没什么，只是接受了他。"

这个他，不是那个渣男，而是蔡蔡的同事。得知蔡蔡失恋后，他对她嘘寒问暖，无微不至，甚至准确无误地记着她最喜欢的菜品、水果。这是个腼腆的大男孩，他只知道用行动表示，却迟迟不敢表白。

得知这一消息时，我曾好奇地问蔡蔡："如果他表白，你会接受吗？"

"他是个很好的人，但这需要慢慢考验，如果他真的爱我，我还是会接受的。毕竟我还相信爱，也还会勇敢爱。"微风吹来，蔡蔡的长发随风摇摆，显得特别迷人。

感情的"升温"来自一个雨天，那天蔡蔡和男同事一起去取文件，两人并肩走着，有一搭没一搭地闲聊。突然，前面快速行驶过来一辆汽车，那一刻，他什么都不顾地护住她，将她推到一边。

司机刹住了车，所幸没有发生事故。那一幕犹如电影，不断在蔡蔡大脑中回放，他爱自己如此深情岂能白白辜负，最终蔡蔡主动捅破那层"窗户纸"。

"在一起后我才发现，世上竟有这么合拍的人。我们一起读书，一起旅行，日子过得开心，人也精神了。"蔡蔡巴拉巴拉说了一堆，说这些时她的眼睛都是发光的，嘴角有着抑制不住的欢喜，"如果我不肯开

始，或许会错过一生幸福。"

经历过一次失恋之后，你以为自己已经丧失了爱一个人的能力，其实都是因为对的人、最适合你的人还没有出现。

这世上总有一个人，会如同爱着世间万物般爱着你。你们虽然尚未谋面，但生命的暗线早已将你们紧紧地纠缠在一起，无论距离多远，无论何种方式，你们终会相遇。

第八章

愿你的孤独，使你更清醒、更强大

一个人的时候很寂寞，但也可以很美好。
此时，是自我对话的清净时刻，
它不是封闭的，而是开放的，
思想和精神自由且丰满，
你可以内心安然地去探索世界，
而无须从外界寻找某种救赎。

孤独这件事，没有人能真正感同身受

1

"热闹小姐"是一个 Party Queen，她喜欢流连于各种聚会派对之中，不管是 K 歌、逛街、运动，还是旅游、聚会、打牌……她都是最积极的参与者。

但春节过后，"热闹小姐"突然变了。

母亲大年三十住院，父亲声嘶力竭地抱怨，大致是说她在外面就是玩，也不安安稳稳过日子，让父母难以安心。于是"热闹小姐"开始有意避开人群，成为一名奋斗女青年。

"热闹小姐"原以为，别人肯定会注意到自己的变化，主动过来陪伴或安慰自己，但是没有，那些最初和"热闹小姐"在一起的人都散了。

第八章　愿你的孤独，使你更清醒、更强大

一个人加班加到全身发酸，一个人去超市拎回重重的东西，一个人解决突然之间冒出来的各种小情绪……"热闹小姐"很想找个人倾诉，但是在开口的那一刹那，却突然发现于事无补。因为无论是谁，哪怕对方跟自己再亲密，都不能完全理解自己，这让她有段时间感到痛苦至极。

"这世上没人理解我，这样的生活有没有意义？""热闹小姐"总是这样想，又不禁追问自己，"我是否太消极太悲观了？"

若是"热闹小姐"有幸看过《寂寞的日子》，或许就不会如此烦恼和纠结了。

作者罗曼·罗兰在书里这样写道："你一定有过这种感觉，当你心事重重，渴望找个人谈一谈的时候，那个人是来了，可是你们的谈话成了两条七扭八歪的曲线，就那么凄凉地，乏力地延伸下去。"

这些话听起来，是那么伤感，那么悲凉，但孤独感就是这样，每个人都是孤独的个体，没有人能真正和你感同身受。

2

想起来一位空姐朋友赵雯。

我们都羡慕赵雯能世界各地到处飞，但她却说这份工作没想象中那么好。"凌晨了，看到旅客们欢天喜地被人接走，我下班一个人拉着行李箱走在空荡荡的机场，却没有人接，我就觉得孤独到想哭。"

听到这些，周围的朋友都会各种反驳。

"你这有点矫情的嫌疑,拿着高薪总得付出些什么。"

"你们飞一次能休两天,多划算。不像我,加班再晚,第二天照样要准时上班。"

"那也很好,你有机会看到好看的夜景。"

……

赵雯也曾向我抱怨过,说实话,一开始我也觉得她有点小题大做,毕竟凌晨的机场照样人来人往。直到有天我夜跑时迷路,手机没电,走到一个漆黑的地方,折腾了两小时才找到回家的路。

当时,孤独和无助的感觉像洪水般涌来,我不禁哭出声来。当我和朋友说起这段遭遇时,他们反而觉得很好笑,就像听一个笑话一样。

我有些失望,甚至生气,后来细想一下,因为他们没走过那条漆黑的路,不能理解我的感受再正常不过,之后便释然了很多。

随后我也意识到,自己没有经历过赵雯的经历,所以不懂其中的痛苦和纠结。那一刻,她肯定也是失望的。

我们不能把希望寄托在别人身上,不能要求别人对自己的痛苦感同身受。每一次把自己的痛苦说给别人听,渴望别人理解的时候,就像那只一次次把伤口扒开的猴子,没有任何帮助,甚至可能加重伤害。

曾经看过一篇文章里写道:"为什么我们越活越孤独?现在知道了,这世界上因为你是唯一一个,没有人能够感同身受,了解你的所有,这就注定了你所有的事情都要自己品味消化。"

第八章　愿你的孤独，使你更清醒、更强大

所以，不要奢望别人能理解你，别人也没义务这么做。有些事，只能自己理解自己，你要学会独自去面对。

3

六年前我在一家外企工作，每天早出晚归，卖力地工作，所有休息时间也都用在了工作和学习上。尽管在上司眼里我是优秀的员工，可我却越来越不了解自己。

有半年的时间，浮躁和厌倦包围着我，我总是情绪烦躁，精力也不能集中。很多明明可以做好的事却做得很低效，和同事的关系也不如从前那样自在，坐在办公室里有种想要逃离的冲动。

这种痛苦的情绪，折磨得我日夜难安。

我曾渴望别人的理解，但是无济于事。后来到了休年假的日子，我独自一人去了郊区，租住了一间农家院。没有工作的烦恼，没有生活的压力，彻底地放空身心。

这是一个独立的环境，没有任何事情的干扰，可以静静聆听内心真实的声音。

也正是在这段时间里，我了解到自己的问题所在——我遇到了职业瓶颈期，这些年我的职业技能有所提高，但要想加薪，却没有多大空间，需要向管理层奋进。但在管理方面，我没有经验，这让我怀疑自己的能力，失去奋斗的信心，对未来感到迷惘，担心结婚生子会失去前途。

了解到内心的真实想法后，我给自己报了一个管理培训班，提前开始做准备。七天过后，我带着饱满的精神回到公司，感觉一切又和当初一样了，我终于拯救了自己。

从此，我的目标变得明确而坚定。我努力地提升自己，把更多的时间留给读书、写字、旅行，做自己本来喜欢做的事，每天都感受到自己不断进步，不断地朝着自己想要的方向一步步迈进。

多数女人害怕孤独，认为孤独意味着没有朋友，生活单调乏味。殊不知，人，许多时候需要懂得给自己释怀。而独处就像一根希望的绳子，能把人从泥潭中拉出来。

因为身处孤独之中时，我们最容易看清自己。

认清自己是成长中的重要一步，我们只有认清自己，才能对自己有一个正确的评估，对未来有一个合理的憧憬。

毕竟，没有谁能比你更了解自己。

第八章 愿你的孤独，使你更清醒、更强大

成长的路上，要学会照顾自己

1

有段时间，松松几乎浸在苦水缸里，见了谁都要牢骚一番。

松松在一家企业做企划工作，由于公司平时的活动很多，所以这份工作特别忙，松松特别卖力地干活，起早贪黑，但是每次活动她都会跟人抱怨自己很辛苦，抱怨干活多工资低等。这些话无意间传到领导耳朵里，领导批评了松松几句，结果她的工作热情一下子消减不少……

松松原本有一个不错的男友，对她体贴入微，两人到了谈婚论嫁的地步，可是因为她喋喋不休地抱怨，因为她对事业的懈怠，对方后来无奈地提出了分手。松松痛恨对方的无情，厌恶他的无耻，遇到每个朋友都把事情的缘由讲一遍，把渣男骂一遍，再把自己的伤心表达一遍。

那段时间松松不平、愤懑、幽怨，好好的一个姑娘，硬生生把自己活成了祥林嫂。但是当同样的话重复了三遍、五遍、十遍，人们早就忘记了最初的同情，变得厌烦，甚至有隐隐的鄙视。

起初还有人安慰松松，为她出主意，但她总在没完没了地抱怨，似乎无论什么时候，她都会有许多不开心的事。后来，大家再聚会的时候，都要考虑下要不要叫上松松。甚至大家见了她，都会故意躲开。有谁喜欢一个整天抱怨的人呢？就这样，松松变成了一个孤家寡人。

松松不知道问题到底出在哪里，她认为全世界都在和自己过不去，委屈又伤心。

其实，有抱怨的时间和精力，为什么不马上想办法改变状况呢？

真的改变不了吗？还是根本不想解决？

没有人是天生的倒霉蛋，也没有那么多人想害你，想要做一个幸运的人，就要学会照顾自己，能快速地进行自我调整，缓解或消除外界带来的种种伤害和压力与困扰，获得生理以及心理上的安全感。

2

"在家里，你付出再多，也有人说你的不好。"

"工作中，女人再优秀，也不如男人晋升快。"

……

有段时间，闺蜜雯雯总是抱怨。爱人怒吼她是一个败家子，其实雯

第八章 愿你的孤独，使你更清醒、更强大

雯并非购物狂，她买的物品，既在经济承受范围以内，也有一定的节制。

曾经婆婆看不惯她，于是各种无故挑刺。比如抱怨她没把自己的儿子照顾好，不会当家，不懂节约用钱等。

在工作中，雯雯一直按照岗位和职责标准，严格要求自己，从未因为自己是女性，而得到照顾。即便发烧重感冒，她依旧坚持跟团队一起熬夜做项目。但因为即将备孕，她的职位一直迟迟不得晋升。

这些大大小小的事情，都让雯雯抓狂。虽然我能够理解，但是倾诉是最无解的解药，问题依然是问题，依然摆在面前，每一次都是老话重谈。

于是，我开始用一些正能量的话语鼓励她："你的这些痛苦从哪里来？不过是你的能力解决不了眼前的问题，所以专心去做能增强实力的事情，直到你本事大到可以解决目前的问题。"

后来相当长的时间，雯雯极少抱怨，也极少向我倾诉，朋友圈里也不见她的悲伤，她开始利用业余时间跟着别人学习写作，之后开始投稿赚取稿费。

雯雯的文采不错，再加上积极努力，一年左右的时间，就拥有了一批忠实读者。已经有几个商家找她合作，她正式辞职创业，工资比以前翻了好几倍。

现在的她，可以买喜欢的东西，并理直气壮地和爱人说："我花自己的钱，不靠任何人养活。我不必卑躬屈膝地照顾谁，我们只是互相扶持而已。"爱人不敢再斥责雯雯，而婆婆虽然嘴里还在狡辩，但是心里

清楚，得罪了媳妇，儿子的日子也不会好过。

如今的雯雯活得顺遂，不用问，我也知道她付出了多少努力和辛苦，看着她含泪把痛苦当作大力水手的菠菜吃掉，吃完了之后力量大增，我真心替她感到骄傲。

谁都会有一摊乱糟糟的事情，每个看起来从容淡定的女人，都经历过翻江倒海和涅槃重生的内心戏。重要的是，你要有从垃圾堆中站立起来的本事。

3

Faina 工作能力很强，人人都说她年轻有为，前途无量。但是最近她的头顶似乎有一团乌云，心里就像酷暑的天气一样，闷得喘不过气来。

"明明我有望晋升为市场部总监，但是上个月公司突然空降了一名总监。"

没有如愿升职，Faina 心里便结下了疙瘩，她也曾劝过自己，但怎么也解不开。

没有办法，Faina 只好求助心理咨询师。

得知 Faina 的问题后，心理师只是做了一个小游戏，Faina 便身心愉悦地回家了。

什么游戏呢？心理师准备了一个橡皮套和健身房中哑铃上 1kg 的铃片，她把铃片挂在了橡皮套上面，拎起了橡皮套。或许是铃片太重，也

第八章 愿你的孤独，使你更清醒、更强大

或许是橡皮套太细，总之那个铃片将橡皮套拉了好长，似乎达到了极限。

紧接着，心理师摘下橡皮套上的铃片，橡皮套立马弹回去恢复原状。

心理师把恢复原状的橡皮套递给 Faina："你就像这橡皮套，哪怕铃片无情地牵扯过，但它仍然能回到原位，因为它有弹性。人生也是如此，每一次磨难都是一次成长，不能陷入其中，要抬头挺胸地继续前行。"

Faina 若有所思，之后笑着点点头。

我们能通过调整自身的行为，唤醒和使用自身的自愈能力，使自身发生一些积极的、正面的变化，将那些创伤变成经验和教训，然后成长。

在痛苦中蜕变，自愈，成长。生活中走得远的，能将幸福紧紧握住的姑娘，往往都是自愈力很强的人。正如一位作家所说："我坚信，人应该有力量，揪着自己的头发把自己从泥地里拔起来。"

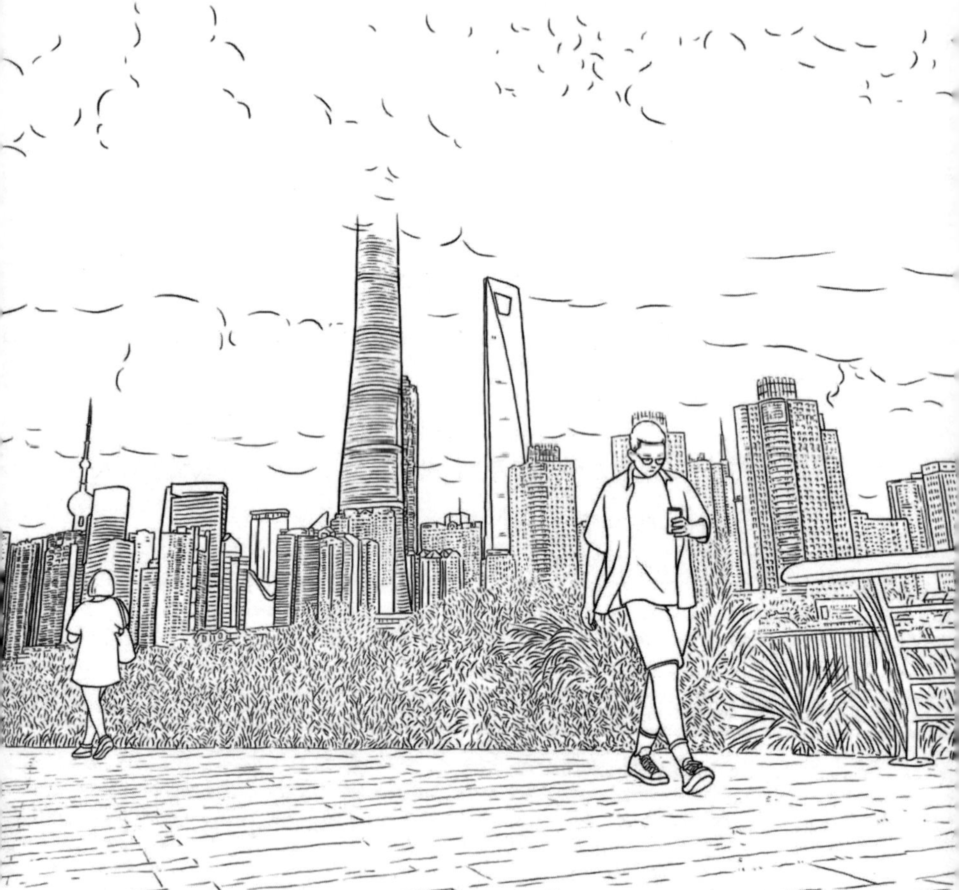

第八章 愿你的孤独，使你更清醒、更强大

好的爱情往往都需要等待

1

"不要因为寂寞而去谈恋爱。"这是高姨再三告诫我的，第一次听到这句话时，我刚满二十岁。

一开始，我怀疑高姨是那种思想封建的长辈，喜欢干涉年轻人的恋爱自由，后来才知道她对此有绝对的话语权。

年轻时，高姨和一位男孩青梅竹马，两人相处得特别好。两家父母都默认了这种关系，只因孩子们年纪小，一直没有提上日程。

后来"竹马"去外地当兵，她则留在了家乡。那时家庭电话还没有普及，两个有情人只能通信联系，但是军队规定一个月只能通信一次，所以信件也是寥寥可数。

姑娘,你要学会经营自己

看到别的恋人成双成对,再看看自己,高兴时没人赔着笑,难过时没人安慰,只能通过冰冷的信件诉说无尽的相思。自己不说的事情,对方根本不会知晓,他越来越触不到自己的心。渐渐地,高姨越来越冷淡。

两三年过去了,高姨到了谈婚论嫁的年纪,不少人前来提亲。她想让男友回来,但是那时变动工作远比现在复杂,这事一直批不下来。

一位小伙子很喜欢高姨,贴心又执着,关键是只要高姨遇到事情,对方总能第一时间赶到。高姨有些心动,再加上年龄不小了,于是半推半就地闪婚了。

也就一个月的时间,"竹马"终于调回家乡工作,却得知高姨已经和别人成婚。他负气远走他乡,在外地结婚生子。

高姨结婚太过草率,两个人了解不够深入,感情基础也不稳定,难有共同话题,三天两头吵架,不到一年就离了婚。

"如果当时我多等等,有点耐心,或许就不会如此狼狈。"高姨由衷地感叹着。

真爱需要耐心地等待,不要那么急躁,更不要委曲求全。

女人不要因为年龄的原因,就匆匆投入恋爱和婚姻,没有好好相处的爱会有太多的阻碍。而人生最大的遗憾,就是在遇见真正对的人时,你已经把最好的自己用完了。

遇见之前所经历的一切都是为了等待,而遇见之后所经历的一切都

第八章 愿你的孤独，使你更清醒、更强大

是为了相守。有一天那个人走进了你的生命，你就会明白，所有的等待都是值得的。

2

对的人或许会晚到，但永远不会缺席。

我们要学会等待，但等待不是什么都不做。持有这种想法的人大错特错，一味地等待爱情，整天无所事事，那么你会是一个黯淡无光的人，怎么吸引得到爱你的人？你的等待也注定是失望失落的。

切记，你的青春不是用来等待一个人的。

在等待爱的人到来之前，你最应该做的是好好经营自己，不要浪费一寸一秒的光阴，让自己成长得更好，更有底气，拥有更多。除了优良品质的内心，你还要拥有更多能坚实站在这大地上的物质条件和能力。

如此，你的等待才会变得有价值，才会有更多优秀的异性向你靠近，你心中向往的美好爱情才会到来，或许会迟到，但绝不会差。

3

余航和丁龄是在一场打赌中走在一起的。

大学毕业前夕，一群男生喝酒聊美女，接着就聊感情史，余航很是尴尬，因为他至今还没交往过一个女友。余航感觉被嘲笑了，就和这群男生打赌，一周内摆脱单身。

姑娘，你要学会经营自己

余航把电话打到了丁龄这里，他没有几个女生的电话，因和丁龄是老乡，曾帮她订过火车票。丁龄很是惊讶，余航从来没给自己打过电话。只是惊讶了一会儿，她就开始欣喜，欣喜之后就是意外的欣喜。

余航学着偶像剧里的桥段，用几句甜言蜜语表白了。

丁龄其实对余航心有好感，但她不希望开始得如此匆匆，更担心对方只是逢场作戏，于是冷静地说："我想留在这座城市，五年后，如果我们都事业有成，你若未娶，我若未嫁，我们就过一辈子吧！"

像这座城市里大部分的"北漂"一样，丁龄家境普通，出身平凡，为了追求心中的理想，她非常努力地打拼事业。虽然她一直都是一个人，但是她的单身生活也很精彩。空闲的日子里，她会在厨房做一顿自己最爱的饭菜，在房间看一场喜欢的电影，有时还会跑到展览馆去看画展……从当初懵懵懂懂的学生妹，到现在独当一面的"白骨精"，丁龄付出了很多很多。

与此同时，余航也非常努力地为自己的生活打拼，他卖过医疗机械，做过企业运营，经过几年的摸索，后来开了一家淘宝小店，最终靠一个人的拼搏买了豪宅。

五年后同学聚会，他没有娶，她没有嫁，两人走到了一起。

有人说丁龄太幸运了，有人说缘分真是奇妙……但余航却说丁龄现在所拥有的一切都是理所应当的，因为她等了他五年，孤独了五年，守护了五年。更重要的是，她的优秀足以让他深爱。

第八章　愿你的孤独，使你更清醒、更强大

婚礼上，余航对丁龄说："感谢你1825天不在我身边。"许多人都以为他说错了，余航解释道："正是这份孤独让我们彼此成长，彼此不辜负理应拼搏的年纪。"

在没有彼此的日子里，时间考验了他们的爱情，也给了他们彼此成长的空间。因为来之不易，所以备感珍惜。

对于女人来说，再好的爱情，都抵不过一句：我值得爱！

想遇到好的爱情，你一定要有值得的资本。

单身的日子或许孤独，或许寂寞，但这意味着你有足够的时间，去成为那个更好的自己，去遇见那个值得拥有你的人。

痛哭之后，请不要放弃成年人的骄傲

1

站在人来人往的大街上，Z姑娘哭得像个傻子，丝毫没有顾及平日的淑女形象。

上次考上的某省级单位去不成了，得知这一消息时，Z姑娘觉得仿佛是天塌了下来。不就一份工作嘛，至于吗？对于别人而言可能不至于，但对于Z姑娘却太至于了。

Z姑娘家境不好，母亲常年生病要吃药，而父亲是一名搬运工人，每个月只能领着微薄的薪水，省吃俭用供一家开支。据说，她上学的学费都是贷款来的。为了赚取生活费，她从大二开始兼职，卖东西，送外卖，做促销……同时，她还利用业余时间自考拿下一所958院校的毕业

第八章　愿你的孤独，使你更清醒、更强大

证书。

大动干戈地笔试、面试、资格复审、体检、公司……Z姑娘以为自己肯定拿下了这份工作，于是一个人提着行囊跑到单位附近租住下来，却万万没想到，最后卡在审核上，人事组织部门对Z姑娘自考的958本科专业不承认了。

Z姑娘委屈万分，这不是瞎折腾么，早说不行就不准备这么多了，何况都公示结束了，满心欢喜准备上班了却来这么一句。为什么在努力前、投入前，不告诉不行呢？

能做的都做了，Z姑娘去了原来的本科学校开证明，又去找了教育部相关部门，人家回应给过通知了，但负责处理这件事的人却闭门不见。

为了这个岗位付出大量努力、时间、金钱，辗转多道麻烦工序的Z姑娘，原本打算大展身手，最后却败给了玩笑似的生活。

骄傲碎了一地，Z姑娘一边痛哭流涕，一边嘟囔着说："我失败了。"有些姑娘总觉得人生不如意，为什么？那是因为她太容易认输了。

输不起的人，往往是赢不了的人。

2

你住过不足十五平方米的房间吗？除了一张小床，一张桌子，一把椅子，还有一个不大的衣柜，就再也放不下什么东西了。

我住过！那是刚出校园时，我和一个姐妹一起，整天以泡面为生。

毕业时我踌躇满志,以为北京机会多,找份合适的工作易如反掌,可出了校门才发现自己多么理想主义。一天投出几十份简历,往返多家公司参加面试,感觉都不是自己想要的,抱着"宁愿嫁错郎,不愿入错行"的心态,终于找了份喜欢的行业,但职位低,工资低,美梦破碎。

那段时间真是人生谷底,内心那个骄傲的自己,一点点地缩到尘埃里。无意间,看到一张一个女孩孤单地抱着自己的腿哭泣的照片,觉得像极了自己,于是发到了网上。

没过多长时间,一个许久未曾联系的学姐,给我发来一段信息:"机场偶然看到,不要灰心,好好加油!学妹你会有更好的未来!"

人在溺水时抓住什么都不会放手,就像老话说的抓住"救命稻草"一样。当时的我就是如此,情绪一下子就崩溃了,对着学姐一阵感慨。

当我没完没了地抱怨时,学姐说:"确实如此,但不管怎样,坚持你最后的那点骄傲,不要被现实打败。要像个公主一样,高昂着头。"

这句话让我沉默了许久,后来我擦干眼泪,决定好好拼一把。

经过一年的历练,加上诚恳的努力,我的工作终于有了点起色,老板主动给我加了30%的薪水,还将我作为重点培养对象。

的确,这才是努力姑娘的态度,要相信我们的努力不会轻易就被击败,只要坚持不懈地努力,这世界上就根本没有什么能把自己彻底打败。

女孩就该骄傲地活着,活出我们自己的光芒,照耀我们未来的路。

第八章 愿你的孤独，使你更清醒、更强大

3

在工作中，无意认识一个开茶馆的姐姐。她的年纪不大，经历却颇为丰富。

十八岁，她在湖南的一个小镇卖茶，一块钱一杯。她人小，摊位小，可她的茶杯却比别人大一号，还可以免费续杯。她的茶卖得最快，那时，她总是快乐地忙碌着。

二十一岁，多数同行嫌卖茶不赚钱而改行，她却把卖茶的摊点搬到了县城，改卖当地传统的风味"擂茶"。擂茶制作很麻烦，但她不觉得累，还配制出许多不同口味的擂茶，让每碗茶都有独特风味。很快，她的生意就红火起来。

二十五岁她仍在卖茶，在省城一间小店面。每有客人进门，她都耐心地泡上茶请人免费品尝。慢慢地，它的小店吸引了许多客人和茶商，而她开始在其他城市开茶庄分店。

二十八岁，在茶叶与茶水间滚打了整整十年，这时，她已经拥有多家茶庄，遍布于长沙、武汉、福建等地。那些茶商们一提起她的名字，莫不竖起大拇指。

"这些年，有过彷徨，有过迷茫，但是我始终记着内心的梦想。"她微笑着说道，"我要把茶叶生意做大做强。"

如果你是个内心坚定的姑娘，那么你不会在乎前方到底还有多少未知的困难,也不会在意自己还要坚持多久,你只会在意自己是否在努力。

或许你的梦想会被嘲笑,但你要稳住自己,相信自己,不忘初心。

人生不易,有人陨落,有人挣扎,愿你脱颖而出。

第八章　愿你的孤独，使你更清醒、更强大

无惧独行，趁年轻去做真正想做的事情

1

去年国庆节期间，刚上大学的外甥女小梓返家。活泼开朗的她像往常一样爱说爱笑，只是当我问及她的大学生活时，她的笑容显得有些勉强。

"大学没意思！"

这真是出人意料，想当初收到大学录取通知书时，小梓可是对大学乐园充满了无限遐想。这半年时间究竟发生了什么？

面对我关切的询问，小梓沉默了一会，才开口说道："高中时，我每天跟好友一起上课下课，一起吃饭逛街，甚至上厕所也手牵手，但在大学一切都变了。大家似乎都在忙自己的事，我喜欢身边有人陪着，不

想一个人被落下,结果很不愉快。"

"比如,我从小就容易胃疼,早上一般都会吃点面包、喝点粥之类的。"小梓继续说道,"但是舍友们早上喜欢吃煎饼果子之类的,于是我只好每天跟她们吃一样的,结果总是胃难受到要吃药……

"再比如,我一直想学跆拳道,正好学校有一个跆拳道培训班。但舍友们却说女孩子学跆拳道容易受伤,而且腿部会变粗。她们报了声乐班,我也跟着报了,但是一点兴趣也没有,而且我的声线也不好。"

"等等,为什么要和别人一样呢?"我忍不住打断,追问道。

"我真的不想一个人……"小梓失落地回答。

"然后呢?大家因此更喜欢你吗?"我继续追问。

"这正是我所委屈的,我觉得自己为她们付出了很多,无时无刻不希望和她们在一起,但她们却私底下说我没个性,我也是团体中最容易被忽略的那个人。"小梓说这话时,已是眼眶泛红。

为了所谓的合群,而失去真实的自己,做着自己不喜欢的事,能怪别人吗?不能。最该反省的,是自己。

电影《无问西东》里有一句经典台词:"不要放弃对生命的思索,对自己的真实。"

人,最重要的是,对自己真实。

第八章 愿你的孤独，使你更清醒、更强大

2

孙婵是我高中隔壁班的同学，从高一入学开始，每次在学校里碰见她，她基本上都是一个人，一个人吃饭，一个人回宿舍，一个人往返在校园里的各个角落。

难道她和同学们关系不好吗？或者是她这个人很难相处？我忍不住这样想。中学时期，大多数女生都是以寝室为行动单位的，她独自一个人看起来真的是太奇怪了。

直到有一次在水房里，她看到我一个人拿着三个暖水瓶，不仅主动帮我打好了水，还帮我拎到了教室，我才发觉她这个人不错。

再后来，有一次去隔壁教室借东西，我看到孙婵和很多同学有说有笑，聊着班级趣事，聊着又参加了什么比赛，他们之间的交流看不出丝毫尴尬。

原来她也有很多朋友，这更让我有些疑惑了。

有一次，我因为一道数学难题向孙婵请教，她不仅认真地为我进行了详细的讲解，还慷慨地把自己的笔记借给我参阅。

"你这个人其实挺好的，明明可以和同学们玩得很好，为什么总要一个人行动呢？"我好心给孙婵提意见。

孙婵笑了笑，说道："我的梦想是考上南开，这是我一直以来的目标。但是以我现在的成绩还没有资格，所以，我必须非常努力地学习，

好好地提高成绩。在我看来，几个女生一起上厕所，吃饭，去小卖部也是共同行动，你等我，我等你，非常浪费时间，不如多点时间做题。"

总是"落单"的孙婵，更专注于自己的学习。她变得越来越优秀，成绩永远是班上最好的，每年的优秀学生都有她。

高考那年，孙婵的成绩出类拔萃，并且如愿考到南开。她听从了内心的选择，把时间和精力花在更有意义的事情上，所以梦想成真。

相比之下，那些拼命想融入群体，以证明存在感的人是不是很可怜？

3

"你们期待的工作是什么样的？"

"每天出入 CBD 大厦，办公室要高大上的那种。"

"整天打扮得漂漂亮亮，不用风吹日晒。"，

"工资一定要高，越多越好。"

……

临近毕业，女生宿舍里睡前谈心的话题总是不乏"工作"。这时，肖雪总是笑着摇摇头，很少发表自己的意见。

经历过毕业期的人都知道理想与现实的差距，你不过是这茫茫人海中毫不起眼的一位，除了自己还会有谁觉得你是金子呢？

当其他女生纷纷感慨好工作不好找时，肖雪却前往一家茶馆去学习茶艺。

第八章　愿你的孤独，使你更清醒、更强大

"茶艺师不就是端茶倒水的工作嘛，没有文凭的人也能做。"

"就是，工资也不算高，你图什么？"

众人都不看好肖雪的选择，就连父母也指责她纯粹是瞎胡闹，但肖雪却主意已定，"我喜欢品茶的平静，看一杯热茶气雾袅袅上升的样子，感受这一刻停留的美好"。

学茶艺也不是一件容易的事，那段时间，肖雪经历了不少辛苦和磨难。比如，练习倒茶时几次被热水烫伤，从价格、季节及产地细细鉴别茶叶，熟知名茶、名泉及饮茶知识、茶叶保管方法等，这些都是比较枯燥的工作，没有几个大学生能静下心来学习，但肖雪却乐此不疲。

三年后的同学聚会上，肖雪穿着一袭淡粉色长裙，发髻松松地挽在脑后，不用讲话，人们就能感受到一种恬淡宁静的气质。

在现场，她亲自示范泡茶步骤，她的动作非常优雅，讲解茶道知识如数家珍……仿佛一朵悄然绽放的兰花，整个画面清雅隽永。

如今，肖雪已是优秀的茶艺培训师，茶文化传播者。据说，不少人慕名而来，向她学习茶艺。她不仅获得了丰厚的经济收入，而且认识了很多茶艺爱好者，闲暇之时约在一起品茶、畅谈，很是惬意。

"对于未来我想说的是，捧好手中的杯，泡好眼前的茶，这是我最愿意，也是最应该做的事。"肖雪微笑着说道。

肖雪可能走得不是最好的路，但一定是最独特的路。

"一个人必须大踏步前进，实现完整的自我，获得心灵的独立，尊

重自我的个性和愿望……而不是亦步亦趋,墨守成规。"这是经典畅销书《少有人走的路》中的一段话。

真正优秀的女人无惧独行,这条路或许没有大路宽阔,但却不拥挤;或许没有大路便捷,但却有独特的风景;或许没有大路热闹,但却更专注。

当你走在自己喜欢的路上,内心必定是充实的,充满着希望和信念。

第九章

亲爱的姑娘，没什么比有趣更重要

什么是有趣？

有趣就是能把枯燥无味的生活过得诗情画意，

就是能把种种沧海桑田转眼化作一则笑谈。

这一抹愉悦的晴朗，

已然是人生赢家了。

你值得拥有有趣的一切

1

某个周末,天还没亮,门铃就被按响。

我困难地从床上爬起,抱怨是谁大清早的扰人清梦。还没走到门口,就听到外甥女小乔的声音。她一边按着门铃,一边扯开嗓门说:"小姨,快点给我开门。"

我刚打开门,就看见小乔提着一个大大的行李箱。她风尘仆仆地越过我后,毫不客气地进了我的家门。

"小姨,最近一段时间,我要借住在你家。还有,不要告诉我妈我在你这儿。"她说完后,轻车熟路地进了客房,蒙着被子倒头大睡。

尽管我心里有很多疑问,但还是选择等她睡醒后再说,因为她的面

第九章　亲爱的姑娘，没什么比有趣更重要

容上写满了疲惫。

一直到当天下午两点，小乔才从床上爬起来。这时，我也说出了我的疑问，问她怎么好端端地离开了上海，为什么回来会带着这么多的行李。

小乔也没有瞒着我，她如实地告诉我，她辞职了。

这个回答我有猜想过，但真正听她说出来，我还是很吃惊的。因为她的工作单位非常好，不仅工作轻松，福利待遇也极好。可以说，她的工作很多人挤破脑袋都想从事，但这么好的一份工作，她为什么说放弃就放弃呢？

小乔说，这种日复一日的平淡工作让她找不到一点乐趣，与其在工作岗位上度日如年，不如做一些让自己觉得有趣的事。她一直觉得烘焙很有趣，心里有一个开烘焙店的梦想。所以，这次辞职，她打算去学习烘焙，追求喜欢的东西。

经朋友介绍，我将小乔送到一家口碑不错的烘焙店。大学生学习烘焙似乎有些屈才了，我以为小乔尝尝鲜也就罢了，但她却做得不亦乐乎。

我从未见过她如此认真的样子，"你为什么喜欢这份工作？"

小乔淡然地反问："这个还有为什么？就是喜欢。只用水、面粉和盐作为原料，就能制作出甜甜的慕斯，美美的蛋糕，香香的蛋挞，软软的吐司……多么有趣。每天早晨醒来，一想到今天又能做喜欢的事情，我就会无比兴奋和激动，有朝一日我希望自己能开一家烘焙店。"

说这话时小乔的眼睛亮如星辰，不，比星辰更亮，宛如天上皎皎明月。

我们都希望生活有趣一些，可有趣是什么？

在我认为，有趣就是做喜欢做的事。每个姑娘的人生都该是五彩斑斓的，每个姑娘都值得拥有一切有趣的。

2

她出生在大城市，尽管在这里生活了许多年，但还是跟不上大都市的步伐，在那川流不息的人群中，仿佛被按了减速键的她，显得有些格格不入。

尽管这里生活便捷，但她却感觉不到有趣。反倒是处处不便的乡村生活，让她觉得有趣极了。所以，每年国庆春节假期，她都会背起行囊，去乡村小镇住上一阵。

那行走在乡间小路上的淳朴人，在青石砖上来回乱窜的狗，在一望无际的田野里翩翩起舞的蝴蝶，亲吻五颜六色的花朵的蜜蜂，每一幕都让她觉得十分有趣。这里的慢，与她心里的慢生活是那么契合。

每当假期结束，重新回到大都市时，都会让她难以适应，在脑海里萌生出一股迫切地想要逃离的念头。当这种念头越发清晰深刻时，她不禁质问自己，既然不喜欢当前枯燥无趣的生活，为什么不勇敢追求自己觉得有趣的生活呢？

于是，她毅然辞去了工作，带着自己的积蓄来到了一个美丽的小乡

第九章 亲爱的姑娘，没什么比有趣更重要

村。她租下了一个院子，一大片地，在院子里种她喜欢的花，在一大片土地上种没有一丝污染的蔬菜，她会将自己种的菜销往城市，从此过上了她觉得有趣的生活。

大多数人只是想想而已，她却做到了。

在生活中，有的人占主动，有的人占被动。能掌控生活的人，总会发现生活中的乐趣，也会将这些乐趣捕获。因此，想要拥有有趣的一切，就应该勇敢地主动出击。

3

与我的外甥女豁达通透相比，好友李桑依然迷失在失乐园里。

那天，我与李桑一起逛街，她的手机响起，当她从包里拿出手机时，我不经意地发现她的包里放着一盒药。

恰好，药名我了解过，专治轻中度焦虑和抑郁。

对此，我是非常惊讶的，因为我一点也不相信向来温柔体贴的李桑会服用精神类药物。怀疑之下，我细致地观察起她的神色，发现她除了精神不济外，眉宇间也透露出淡淡的焦虑。

李桑接通电话后，原本含笑的眉眼立马消失不见，她眉头紧蹙，隐忍而又抗拒地听着电话那头的人说着什么。她也时不时地回应"我知道了""我会早点回去"之类的话语。但电话那头一直喋喋不休，令她的隐忍也达到了极限。

最后，她冲着电话那头大声说了一句"我都这么大了，你们还要管我到什么时候"，说完后就挂断了电话。

之后，李桑的情绪一直都很低落，交谈中，她向我吐露了烦恼与忧愁。

从出生起，李桑的人生轨迹就已经被父母规划好。父母会要求她考什么样的大学，规定她读什么样的专业，毕业后去哪儿工作，等等，甚至在她步入职场后，也会对她的生活有过多的干涉。这样的生活让她觉得自己被束缚住了，没有一点趣味可言。

静静地听李桑说完后，我明白李桑的焦虑在哪儿了。她现在的生活就像是大海里的一叶扁舟，但大海太过平静，让她乘坐的小舟没有一点波澜起伏。或许，她的有趣是狂风骤雨，是波涛汹涌。

当我问怎样的生活才能让她感到有趣时，李桑说，自由的生活才让她感到有趣。她想体验一个人居住的生活，想要做自己从来都不敢尝试的事，想要肆无忌惮地交友，想要来一场说走就走的旅行……

我对她的建议是，既然有想法，就要去执行。

象牙塔里的小女孩不试着走出象牙塔，父母永远都不知道她成长到了哪一步，而她也不会知道象牙塔外的世界多么有趣。

当你尝试着迈出一步后，会发现每一步都趣味无穷。

第九章 亲爱的姑娘，没什么比有趣更重要

一日三餐，津津有味

1

周末，刚结婚的闺蜜小琴邀请我们去家里玩。

小琴是一个大大咧咧的女孩，我们几个人也算"臭味相投"，常常窝在一起喝酒唱歌，喊着："有酒有歌，潇洒快活。"也常常喊着："嫁给一个有钱人，爱情算个啥！"

可就是这样快意人生的小琴也不知怎的，突然迷上了楼上公司的一个小职员，相识，恋爱，结婚，两个人进行得有条不紊，看着两人每天手拉手走一站地去挤两个小时的地铁，我们不知怎么那么酸楚。

恋爱两年，在双方父母的"赞助"之下才贷款买了个小房子，然后，就是两人亲力亲为地装修，半年后满脸幸福地领了证，几个好朋友喝了一顿就算把婚结了。

说实话，我们几个闺蜜一直觉得小琴鬼迷了心窍，以她的条件可以嫁得更好，为什么偏偏要把自己弄得这么苦？甚至我们以为她只是一时冲动，他们的婚姻并不牢固。

我们上午十点到的小琴家，一开门，只见她穿着一条小熊围裙，举着满是油的手，笑嘻嘻的。打过招呼后小琴又钻进厨房，说是要给我们做饭。

我们几个相互看了一眼，泪腺发达的阿美突然眼圈红了，悄悄地说："我突然好伤心。"

小琴在厨房招呼我们自己动手，想吃啥吃啥，想玩啥玩啥。我们这才注意到小琴的家：这是一个几乎没有怎么装修的小屋，家具也不多，可以看出很多摆饰都是一些手工制作的，虽然不那么高大上，但却透着几分说不上来的味道。

粉红色的小沙发，前面一张圆形的玻璃茶几，上面放着一个别致的纸巾盒。窗台上有两株小小的多肉，粉嘟嘟的……"来来来，快搭把手。"小琴在厨房喊。

我们赶快跑进厨房，小琴从墙上拉下来一块桌板，利落地支好一个简易餐桌，我们便手忙脚乱地开始往上放她一上午的劳动成果。盘子摆上桌了，阿美的泪也下来了："你啥时学的做饭呀？竟然还做了这么多样？"

第九章 亲爱的姑娘，没什么比有趣更重要

小琴笑着说："因为我要抓住男人的胃呀！"

正在说话之际，门外一阵钥匙的响动声，小琴的老公回来了。我惊讶地说："你们不是没有周末吗？"我们开始盘问。

"好啦，好啦。"小琴打断了我们的盘问，"他只要出外勤一定要回家吃饭的。"

两人对视一眼，我似乎看到了一道噼里啪啦的电流，狠狠地撒了一拨狗粮。

饭后，我们聊起小琴的生活，小琴说："你们可能不理解，我觉得我们挺幸福的，我只要有时间，一定会在厨房，最开始时拿着手机对菜单，后来自己随心所欲地做。我最喜欢看他吃饭的样子，无论菜是什么滋味，他都说好吃。晚上，我们一起挤在小厨房里择菜，对坐着吃饭，我感觉真幸福。"

"你不觉得日子过得不那么潇洒了吗？"我问。

"是呀，但我觉得日子过得踏实了呀。灯红酒绿，纸醉金迷，哪抵得过这一日三餐，津津有味呀！"小琴脸上又是一片红晕。

我突然知道了最初进她家时是什么感觉了，那种特殊的感觉叫"温馨"。

小琴从一个十指不沾阳春水的"社会女孩"，成为一日三餐亲力亲为的家庭妇女，在很多人眼中她过的日子艰苦，但从温馨的小屋，到满桌鲜香的菜肴，再到急匆匆赶回家吃饭的爱人，你就会理解了她的幸福。

姑娘，你要学会经营自己

有人说，嫁给爱情的幸福只是一时的，在物质和爱情的世界发生冲突时，一定是物质战胜爱情。但是看到小琴嫁给爱情的样子，我突然觉得，那些被物质打败的爱情一定是两个人出了问题，婚姻是需要经营的，家在这里，幸福就应该在这里。

2

我的小姨，她只大我五岁，因为辈分在那里，我必须叫她小姨。

在姥姥家小姨连做蛋炒饭都会煳锅，煮方便面都会忘记放调料包，但婚后的她却接管了厨房重地，还常常自我调侃说："我之所以能写这么多与美食相关的小文，都得感谢你姨夫让我在厨房历练。"

其实，最初的小姨可没这么乐观，刚刚结婚，姨夫是一点家务也不做，而且常常调侃小姨做的饭菜。于是，小姨对此制订了报复计划。

计划一：青椒无盐小炒。姨夫吃了一口就皱起了眉毛，但旋即说："嗯，这菜椒有特色，甜丝丝的，要是糖醋的就更好了。"小姨被气得胃疼，因为姨夫吃得是津津有味。

计划二：盐"焗"豆角。小姨一气之下，在豆角炒肉时放了两次盐，姨夫夹起肉片，连嚼都没敢嚼，直接就吞了下去，小姨在一旁满脸兴奋地明知故问："味道怎样？"姨夫喝了一口水，笑着说："我老婆就是心疼我，想得周到，大热天儿的，出汗多，得多补盐。"说完，他夹了一大筷子豆角放在米饭中，吃得津津有味。

第九章　亲爱的姑娘，没什么比有趣更重要

小姨的计划以失败告终了，但她心里还是觉得不得劲，甚至天天盼着姨夫出差，她想逃离厨房。终于，机会来了，姨夫单位组织培训，要出差一周，这可乐坏了小姨。

第一天，小姨翻身农奴把歌唱，买了爱吃的面包、饼干以及可乐，一日三餐，连厨房门边都没去，吃几口面包，嚼几块儿饼干，喝一听可乐，要多自在有多自在。

第二天也是这样，人生真的是轻松潇洒，不进厨房，不粘油烟，皮肤似乎都变好了，心情也变好了。

可到了第三天，小姨的胃提出抗议了，看到面包就泛酸水，无奈之下，小姨进厨房泡了一杯方便面，但到了晚上，胃又抗议了，脑袋也跟着抗议，满脑子想的都是米饭。思想斗争了一番后，小姨打开冰箱，系上围裙，一炒就是三个菜，蒸了一大锅米饭，吃了平时的两倍后才美美睡下。

第五天，小姨懒得做，一直吃剩饭，结果第五天晚上开始闹肚了。姨夫打来电话，小姨就开哭了："快点回来吧，我五天只吃了一顿饱饭。"

姨夫问为什么，小姨说："我一个人吃饭没意思。"姨夫听着小姨"惨烈"的哭声，提前结束行程回了家。小姨第二天采购了一大车东西，晚上做了七八道菜。

每每聊天，姨夫总会聊起这件事："你小姨有多爱我呀，离了我饭都不吃了。"

小姨则会笑着反驳:"我哪是离不开你,只是一个人吃没意思。"

"一个人吃没意思"这句话我并不是第一次听到,很多人都在说一个人的饭难做,可能是一个人的生活没有趣味罢了。

两人三餐一辈子,津津有味。

3

古语说:"民以食为天,民以食为先。"

生活,原本就离不开柴米油。我们努力工作,最基本的保障是一日三餐,而解决了温饱问题之后,再去升华,就是让这一日三餐变得津津有味。

以前我也不会做饭,自从有了宝宝后,给宝宝给家人准备精致的一日三餐成了我的日常,而且我也很热衷于那锅碗瓢盆的交响。

做饭是件费时的事,从买菜、洗菜、做菜到饭后洗碗,至少要耗时两小时,很辛苦!但看到一家人津津有味地吃着我做的热饭香菜靓汤时,就觉得再辛苦也是值得的。

老公早上不喜欢吃饭,我给他强调了早餐的重要,然后一直坚持换着花样做早餐:鸡蛋、三明治、鱼片粥、牛奶、牛肉炒粉、鸡汤面条……凡是菜谱上有,能买到食材的早餐我几乎试了一个遍,看我如此辛苦,老公有时也会早早起床,陪我一起做早餐,而且一定要陪我一起吃完早餐再上班。

第九章 亲爱的姑娘，没什么比有趣更重要

午餐我们两人各自解决了，不过我们有约定，午餐时一定要打一个视频电话，边吃饭边聊天，就像两人一起吃饭一样幸福，生活虐我们，我们不能虐自己呀。

都说晚餐不能吃得太油腻，但晚餐是我们最有时间做得精致的一餐，所以我查了很多资料，让晚餐既清淡又美味，而且这时，我也有时间给宝宝做适合的营养餐，三人围桌而坐，逗着宝宝咿呀学语，惬意。

到了周末，我们三人便去各处访特色，湘菜、川菜、鲁菜、闽菜、浙菜、徽菜，甚至日式料理、西餐等，换换口味，换换环境。

用心的生活不就是这个样子吗？在忙碌之余的小聚，是为了口欲还是为了谈感情？为什么要选择呢？这一日三餐的小聚不是既满足了口腹，又谈了感情吗？

一日三餐，津津有味，这就是生活本来的样子。

惹人爱的姑娘，说话都很风趣

1

彭博长得相貌堂堂，因为前几年一心打拼事业，年过三十还没有女朋友。这段时间，亲朋好友争相给他介绍对象，但他始终没有动心，直到遇到了 K 小姐。

K 小姐长得肤白貌美，两人从颜值到学历都很般配，彭博对这次相亲很满意，时不时跟人说，女孩很优秀，特别有上进心，他就喜欢这种类型。

大家都以为，这次离吃喜糖的日子为时不远了。不料，仅仅过了一个月的时间，彭博就无精打采地宣布他们结束了，还是他主动提出的。

"人家长得不好看吗？"

第九章 亲爱的姑娘，没什么比有趣更重要

"好看。"

"人家性子不温柔吗？"

"温柔。"

"人家学历比你差吗？"

"不差！"

"这样的女孩你还有什么可挑的？"

"刚开始我觉得她有个性，挺新鲜，可是……"彭博叹一口气，一脸有苦难言的样子，"她总是一脸严肃，不苟言笑，即便是我努力地开玩笑，她的反应也总是很冷淡。说句真心话，我觉得和她约会，还不如和她开个会。这样的女孩，太不懂幽默了，再漂亮也不行。"

的确，K小姐是严肃的，腼腆的，内敛的。她屡次谈恋爱失败，正是因为她是个不懂幽默的姑娘，就算遇见了一个能开玩笑的人，她要么不懂对方在说什么，要么觉得对方在嘲讽自己。结果，大家和她在一起的时候，都不知道该说什么好，似乎说什么都不对。

没有幽默感并没什么可怕，可怕的是无趣与无聊。

在各种公开场合，多数女性会表现得非常认真、严肃地看待所有的事，但一个欠缺幽默感的姑娘，往往会让别人不知如何开始与你沟通，进而容易与你保持距离，就算对你有好感也不知怎么接近。

如此，你会错失太多美好的东西。

2

我见过"幽默"改变命运的。

佳佳是我以前的同事,她长得不算漂亮,甚至可以说其貌不扬,身材还有些矮胖,却有好几个自身条件优秀的男孩在追她。

我曾问过那个最后如愿和佳佳牵手的男孩:"你觉得她哪里好?"

对方像中了大奖一样开心地笑着:"跟她在一起,就算天天喝白粥,也觉得有趣呢!"

某天 F 跟老公闹矛盾,当着佳佳的面破口大骂:"你真是狗改不了吃屎!"

话音未落,佳佳赶紧接过话茬说:"你这样骂他怎么行,改成'你真是猫改不了吃小鱼干'就会好很多,记住了啊!"

语音刚落,F 立改怒目,失口笑了出来。

有趣,是佳佳的一大名片。

想当初,佳佳还是我负责招进公司的。

那年毕业季,我代表公司去高校招聘新人,由于发展前景广阔,报名的人很多,进入最后面试的人足有几十个,而能留下的只有三五个。

佳佳,是来面试的其中一人。

"非常抱歉,我认为你的条件并不合适。"我说着拒绝人的礼貌用语。

第九章 亲爱的姑娘，没什么比有趣更重要

佳佳却没有灰心失望，反而用欢快的声音对我说："既然你感到如此抱歉，那是不是会再给我一个机会，更深入地了解我？也许你们会有不同的判断！"

我和几个同事都被这句话逗笑了，相互看看，都觉得应该再给她一次机会。于是，我们重新对她提问题，重新商量是否聘用她，最后，明明落选的佳佳得到了我们所有人的认同，成了我们的伙伴。

佳佳就像一个"开心果"，走到哪里哪里就有笑声。公司总喜欢安排她去谈业务，她并不多么会说，只是总能以一句诙谐的话化解或紧张或尴尬的气氛。你说，这样的人能不招人喜欢吗？

有趣，对一个女孩来说，就是魅力的招牌。

在说话时，如果你愿意发挥自己的幽默感，人们甚至可以忽略你的口音，你的音质，你的措辞，因为所有人都会被你的有趣感染，还觉得你无比可爱。

如此出神入"化"的说话方式，怎能不学？

3

在所有课程中，幽默可是最难学的一项，因为它包含了太多的因素，需要太多的条件。好在难学并不是学不会，你可以从下面几个方面努力。

真正的幽默建立在才智之上，而才智并非一朝一夕能够培养，需要长期的积累才行。平时多看幽默故事，丰富自己的词汇，总结幽默的技巧，多听有趣的事等，如此才能说出机智的语言，诙谐的比喻，让人听了之后觉得有趣有益。

幽默的技巧千变万化，但不需要过于刻意，越是刻意想表现自己的幽默感，越是让人感觉到生硬，尬聊也就开始了。将你的语言和动作、姿态、表情融为一体，如此才能做到不着痕迹。

幽默感不是一个人玩得high的，而是在和别人互动的过程中产生的。平时多多接近有趣的人，也可以提升你的幽默感，至少你能够明白，什么东西是有趣的。

世界那么有味，为何你要那么乏味？

人生那么漫长，做有趣的人才好玩。

成功就是以喜欢的方式过一生。

你要过怎样的生活，都由你自己选择。要想改变，要想如愿，就要从现在开始，马上行动。无论处境多么艰难，咬着牙，狠着心，拼命往前冲！

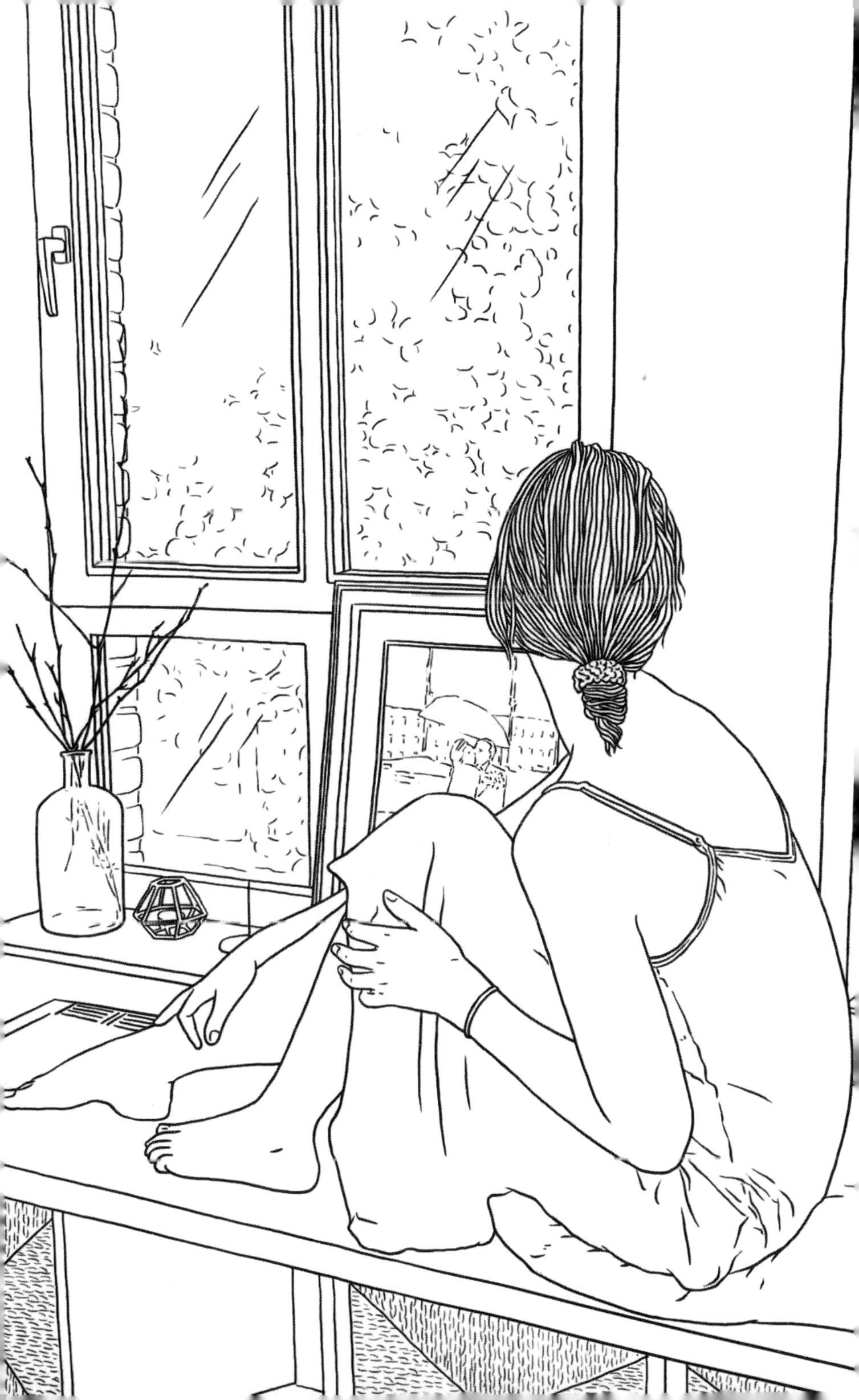

和你爱的人,把家装扮成想要的模样

1

我的公寓对门住着两口子,在过去的几年里,几乎一周能听到两三次哭闹声,但是最近却平静了,甚至还看到他俩进进出出恩恩爱爱的。

在一次小区聚餐时,我出于好奇,跟对门的女主人聊了起来。

她叫燕子,江南水乡的小女子,大学时与老公相恋,便不顾父母的反对来到了这座城市。她和老公结婚十五年,但也就过了两三年,她就开始对这个家充满了厌恶。

不知道是因为离娘家太远没了依靠,还是因为最开始的生活艰难和贫困,使她的脾气十分急躁。她是一个充满幻想的女人,而这些幻想与现实生活相距太远,所以她对家庭的失望一点点积累。

第九章 亲爱的姑娘,没什么比有趣更重要

她的老公是一个不太爱说话的人,婚后为了生活越来越忙碌,她看着常常半夜回家的老公,时常会产生很多幻想,觉得老公不爱这个家,不爱她。

特别是有了孩子之后,老公回家的时间越来越晚,她经常一边照顾孩子,一边还要做家务,每天心力交瘁。

她开始反感老公,反感这个家。

在孩子上小学后,她的反感变成了厌恶,甚至有些时候根本不能见到老公,一见到他就会莫名地起火,然后就是哭闹,狂摔东西。

发泄过后,她自己回想起来后背都会一阵阵发麻。她悄悄告诉我,她甚至上网找过网友见过面,虽然没有实质性的出轨,但她的心的确已经不在老公身上了。

直到有一次,她正焦头烂额地给孩子辅导作业,晚饭也来不及做,满肚子的火气。没想到正在这时老公早早地回来了。她刚欲发火,老公却说:"没做饭吧,不用做了,今天带你们去喝蟹黄粥。"

那是一家很有名的粥店,老公点了三个小菜,两碗蟹黄粥。

他们从不来这种店,因为消费实在是太高了,她拿着菜单,显得有些不自在。

老公说:"快吃吧,我已经吃过了。"

她低头喝粥,老公静静地看着,儿子在一旁发出"啧啧"的赞叹声。

突然,老公说:"真好,看着你们吃得这么香,为了我们能常常喝

上这么美味的粥，再累我也要努力啊！"

她的心不禁一震，原来一直以来，老公都在为他们的生活而打拼，她能享受的优越生活都是这个男人给的，而她却总在忽略，总在幻想，总在抱怨，忘记了自己对家庭的责任，忘记了自己为人妻为人母的义务。

她的泪差点要滴下来，多年来对老公冷漠了的感情一下子复苏了……

她为爱而来到这个男人身边，却因过分自我而将他们辛苦建设的小家一点点摧毁。老公包容了她的任性、她的无理要求、她的哭天抢地，甚至容忍了她眼神中的不屑，及对感情的不忠，她还能要求这个男人做些什么呢？

如今的她，生活得平静而满足。每天最感欣慰的事，就是送儿子上学，老公上班，她一个人在家，将家收拾得整整齐齐，一尘不染。

儿子回家和老公开门的那一刹那，是她最幸福、最快乐的时刻。

爱一个人不容易，与爱的人成一个家更难。与你爱的人，装扮一个想要的家，更是世界上最幸福的事。

2

家，无论面积的大小，无论装修简陋还是奢华，也无论条件的贫苦或者富足，家就是家，一个心灵回归，弃尘世浮杂，享受爱的地方。

我有一位朋友，她的周末及闲暇时间都在家里，哪怕我们约她出来小聚，她也会说："家里还有一堆事儿呢，你们先聊，我走了。"

第九章 亲爱的姑娘，没什么比有趣更重要

对她来说，家里有爱，家里有自己最爱的人和最爱自己的人，家里有牵挂自己的人和自己牵挂的人，所以她所有的心思都放在家里了。

她的老公很幸福，也很"迷人"，散发着那种中年男人特有的魅力。我们常常跟她开玩笑："你老公天天这么打扮，小心被人抢了。"

这时，她总会放声大笑："有人抢，我老公也舍不得这个家。"

是的，老公的魅力是她一手打造的，无论多忙，每天早上她都会帮老公搭配衣服。老公上班后，她便开始不厌其烦地收拾家——细长的桌椅，精致的毛织物，一堆一堆的小装饰品被她摆出了生气，而搁脚的小矮凳、烟灰缸、报纸与烟斗等都放在了最恰当的位置——坐在她老公常坐的地方，伸手可及。

她不是全职家庭主妇，但她甚至比全职主妇更敬业，除了工作之外，心里想的全部是自己的家人——

她会给天生不爱笑的老公讲笑话，也会为他送上一杯热茶；
她会耐心地给孩子读绘本，也会不急不躁地给他辅导作业；
她会在家中老人生病的时候，衣不解带，细心周到地照顾。
相夫、教子、孝顺老人，她蕙质兰心，将平淡的家建设成了爱的殿堂。

她常常说："你们呀，要知道自己是个女人，想要得到爱，就要先造工防，而家就是孕育爱的地方。"

3

看到别人的爱情，有些时候，就会回忆起自己的爱情。

那年我们刚刚毕业，日子过得很艰难。有时，我和硕两个人口袋里的钱凑在一起还不足一百元，但那时的日子却很快乐。

毕业后，硕回到老家，因为家里已经安排了一份不错的工作。我一个人留在北京，这个城市对我来说爱与恨无法言语。

在那个网络信息传递不太发达的年代，电话费成了我们每月支出最大的一部分，但即使这样，我们两人都明白，感情似乎被这异地慢慢消磨了，虽然我们都在极力挣扎。

那一天，北京下了一场大雨，在这里五年了，从来没有见过这么大的雨。老家的闺蜜打电话来："硕去相亲了！我今天看到他跟一个女孩有说有笑地在吃牛排。"

放下电话，看着窗外顺着玻璃流下的雨水，我的枕头也湿了一大片。

室友帮我给公司请假，我也不知我睡了多久，总之，被一阵敲门声惊醒。

"亲爱的，开门！开门！"

谁？硕？不，我应该还在梦中，怎么可能是他，泪水又流了下来。

"开门，开门！亲爱的！"门外的敲门声越来越急，我也渐渐清醒了，确认是真实的声音后，我不知道自己是怎么跟跟跄跄地跑到门边开

第九章　亲爱的姑娘，没什么比有趣更重要

的门。

"你这是在干什么？"硕进门后一把把我抱住，也就是那一抱，注定了我们必定会走进婚姻的殿堂。

他拒绝了家里安排的工作，也拒绝了那个一直爱慕他的女同事，连个包都没带就跑到了北京来找我。这时，我们将兜里的钱拿出来——不足一百元，我们哈哈大笑。

我们找朋友借了一点钱，在一个很安静的小区里租了一套房子，买了必需品后，兜里又没钱了。硕忙抱着电脑找工作，我趴在床上，开始分摊钱：

只需要熬十五天，我就可以发工资了。

这二十块是给你早上坐公车用的。偶尔天气不好，打车回家。

另外三十块是给你买早餐用的。

还有三十块是我和你晚餐用的。

剩下十块是备用金，以防万一。

他的简历投完，我的计划也做完了。于是，我们武装好自己，做起了粉刷匠——剥落的墙皮粉刷完全无法掩盖住，我们又拿起了多年未拿的画笔，在墙上开始涂鸦。——小屋顿时变成了家。

我们将淘来的面料裁成大大小小的块，窗帘、床单，甚至桌布——小屋虽然简陋，但家一定要温馨。直到现在我还认为，生活是需要点仪式感的。

晚上，我们紧紧相拥，沉默不语。一会儿，他哼起了小曲儿，那是我最喜欢的曲子。

早上我们在地铁站分开，晚上又在地铁站相聚，那段日子，最美好的事情就是每天回到家一起布置装扮我们的小家——阳台上的风铃发出很清脆的声音，叮……叮……当……我们会看着它笑——那是我们明天幸福的掌声。

这样的日子我们过了近三年的时间，直到老公独自创业，买了属于我们自己的小房——一个有露台的小房子，我们又亲自做设计图，找工人师傅，老公亲自盯着师傅装修。

入住那晚，我躺在他的腿上，天空很美，星星很美，爱情很美。

第九章　亲爱的姑娘，没什么比有趣更重要

世界无边无际，他们有酒有故事

1

曾经幻想周游世界，结果越长大胆子就越小，越长大就越被一些琐事所累。于是，朝九晚五，心心念念地为了生活而奔，却不知奔向哪里。

某天，闲暇时刷抖音，突然视频下方出现一行"可能认识的人"的推荐。于是，打开她所有的视频记录，山川或秀丽或巍峨，河流或娟秀或奔放，各地的人文风俗或奇异或有趣……而每个视频中都有一个熟悉的身影——小亚。

小亚是我的大学同学，来自一个小山村，她说小时候最幸福的事就是听那些从各地打工回来的人讲外面的故事。

最初毕业时，我们在一个公司，国际化大都市给我们带来的压力是无形的，让我们几乎是没日没夜地奋斗，一段时间后，小亚突然说："我觉得这生活太无趣了，人只有一辈子，为什么要活得这么憋屈！"

之后，小亚递了辞呈，打起背包，不知所踪。

加了小亚微信，老友重逢，有酒有故事。

小亚已是小有名气的博客博主，她的博客以记录各地风光、美食、风土人情为主。她的文笔很鲜活，配上视频照片，很快有了百万点击量。

在欧洲那一年，小亚认识了她的第一位恋人，一个至今都常常入梦的男孩。

小亚对他的爱是忘我的，无法抑制的。

那段时间，小亚几乎每天都是睡到中午，等到太阳快落山的时候，精心打扮，迈着欢快的小碎步，和男孩一起去酒吧。微微的风吹着微醺的脑袋，将夜幕衬托得更加迷人。

大都市的夜晚总是格外让人眷恋，之后再吃一顿美食夜宵，每天回到家都要到凌晨。

小亚沉浸在无法自拔的陶醉中。可是不知道为什么，男孩子走了，像一阵风吹过，什么都没有留下。

夜微凉，风吹着窗帘，天上的星星被大都市的光华淹没，气氛变得有些伤感。

小亚丢失了自己，不再更新博客，不再精心地打扮，窝在家里，喝着男孩最喜欢的酒，用酒精催眠自己。她只想催眠一个梦，一个很美很

第九章　亲爱的姑娘，没什么比有趣更重要

美的梦，梦里有她最爱的心上人，住在明亮的大房子里，房子周围是无边无际的花田，每天太阳落山，他们都会去花田上走一走，摘下花抱成一大团，以此装扮自己的幸福。

结局，仍旧是梦醒后的伤。

一封来自非洲的信唤醒了小亚，信来自那个男孩，信中还有一粒红豆，男孩说："我要将世界游遍，我爱你，但我更爱世界。"

小亚觉得这句话莫名的熟悉，是的，她不就是为了世界而来到这里的吗？为什么又为了爱情丢了世界呢？

当天，小亚更新的微博，配图是一杯果酒。

这是小亚与男孩常喝的酒，鲜花酿造，用花田中最娇艳的果花，每一个步骤都有严格的规定，酒一出缸，香味四溢，勾得心头酒虫直痒痒，忍不住喝个够。

果酒香味很纯，是那些调制鸡尾酒无法比的。不习惯的人一开始会觉得除了情调别无其他，但仔细回味，酒的清冽熨烫着身体每一个细胞，舒舒服服，不会令人酩酊大醉，却足以微醺。

也许有一天，小亚会再次在世界的某个角落遇到那个男孩，再次举杯时，酒里不仅有你侬我侬的爱情，还会有各种各样的故事，故事中虽然没有彼此，却一定全是彼此。

2

有些人的故事甜甜蜜蜜，像果酒，尝不到酒的滋味，却能品出醉意。而有些人的故事像极了中国特产的白酒，表面看来平淡无奇，尝一口却是人间百味。

我就认识这样一个人，像极了白酒，而她的生活也如这白酒一样千滋百味。

苏月，我的大学室友。现在网络特别流行画星空图吧，而苏月在我的脑海中就是一幅星空图——凡星点点，路灯晕黄，女孩扎着马尾，捧着书，蹲在宿舍楼的阁楼台阶上。月高悬，灯已灭，而那个扎马尾的女孩挂起了手持台灯，她的背景与月色形成了一个鲜明的剪影。

苏月的用功程度对于我们而言，可以用望尘莫及来形容，有时候甚至会让我们思考她是不是有什么病？哪有那么多课程要学？

阿美提起苏月，说得最多的就是："好不容易寒窗苦读多年上了大学，还弄得跟高考倒计时一样，不怕累死，那么拼干吗，将来还不是一样要嫁人的。"

我们班长还因为苏月特意搞了一场辩论: 女人要学得好还是嫁得好。

辩论结果如何我现在不记得了，只是记得苏月还是那个苏月，丝毫没变。

"我不能停止努力，因为我知道知识改变命运。"曾经苏月这样对

第九章 亲爱的姑娘，没什么比有趣更重要

我说。

她出生在一个相对贫困的家庭中，她有两个姐姐和一个弟弟。三女一男的家庭情况很明显地告诉人们：这个家是重男轻女的。

事实也是如此，弟弟从小就被妈妈和奶奶偏心宠爱，有好吃的他先吃，有好穿的他先穿。苏月排行老三，这个数字也说明了她在家庭中的地位，她两岁时弟弟出生，也正是这时她就像一个被父母遗弃的孩子一样，跟着大姐长大。

弟弟在宠爱中长大，上学也不努力，只顾着玩，但是为了给家里撑脸面，妈妈四处借债都要给弟弟"买"一个大学来上。

苏月每天都要帮忙干家务，完成后才能去学习。她一路努力，小学毕业就开始了假期工的生涯，她中学、大学的学费及生活费都是她自己挣来的。

生活就是这样，我们只看到表面，却不知道背后的故事。有人说苏月哗众取宠；有人说苏月故作矫情，但谁也没有经历过苏月的以前，有什么权利来评价她的现在！

大学期间，苏月用自己最喜欢的方式学习生活着，原生家庭给不了她想要的生活和梦想，她就用自己的双手去创造。

当同学们忙着谈恋爱时，她在教室里做题；当同学们忙着旅游时，她在忙着做兼职；当同学们忙着刷微博、网上购物时，她又报名了一堂培训班。

大学毕业，同学们为了工作慌了手脚，而苏月早就已经签好了实习公司；而当大家还在为能不能转正发愁时，苏月不仅转正，还被提拔做了组长，工资翻倍。

与此同时，有些同学天天联谊，削尖了脑袋都想钻入上层圈，找个有钱的老公，对此，苏月笑着说："听过静等花开，蜂蝶自来吗？我有那时间还是去继续学点什么吧。"

是的，她不是说着玩，因为当晚她就报了两门课程，把自己的闲暇填满了。

如今十年过去了，当年嫁入豪门的女同学成了只会伸手跟老公要钱花，看老公脸色，被婆婆拿捏的受气小媳妇。

苏月呢？她也将自己嫁了出去，嫁给了一个书香门第家庭出身的老公。公婆均受过高等教育，公公还是海龟人士，十分通情达理，丈夫开了一家教育机构，与苏月的专业很契合，两人也很默契。

在她的婚宴上，我笑着说："你呀，就是一坛酒，非得把自己放得香气四溢。"

她幸福地回应："这比喻好，有酒有故事，我喜欢！"

3

人生不长，世界却很大，苏月把自己的人生过成了陈年老酒，今天的积淀是为了明天精彩地绽放。正在感慨之时，突然被一阵"啪啪啪"

第九章　亲爱的姑娘，没什么比有趣更重要

的敲门声拉回现实。

"有门铃，还这么敲！"我嘀咕着，"这是谁这么大胆呀！"

我猛地拉开门，见门外站着四个人，还没来得及看清，她们就哗地拥进了门。甭猜，也甭看，除了我那几个泼皮似的闺蜜还能有谁。

别说，今天她们还真带来了个"谁"，谁呢？我仔细打量着，眉宇之间似曾相识，气质又很陌生。

见我愣在那儿，她倒先开了口："我就说吧，她不认识我了！"

"你记得你有个小学同桌叫栾静吗？"她笑着提醒。

栾静？对，栾静，当然记得，我们不仅是小学同桌，在我十六岁之前她还是我的邻居。所以我们关系极其要好，当年我生病她逃课陪我，她没吃饭我排长队帮她买零食。可是，栾静在我的印象中是一个文弱小姑娘呀，连说话声都跟林妹妹似的，今天这个人从妆容到衣着都透着爽利干练，怎么能与栾静对上呢？

闺蜜们已经在我家厨房开始扫荡了，我相信不一会儿就可以摆好酒桌了。面前的这个栾静，我虽然对不上号，但"情商"提醒我还是要聊一聊的。

几句简单的寒暄，酒桌已经摆好。我这群闺蜜最大的好处就是从不把自己当外人，提着几个热菜，再扫荡一下我的冰箱，然后用不了多久几热几凉都办得妥妥的。

家里的酒自然是现成的，而且相当齐全——白的、啤的、调的，甚

至连黄酒都会备上。也许酒这东西真的能让人舒缓压力，反正我们几个聚在一起，虽然不会喝多，每次也都会小酌几杯。

几杯酒后，栾静的兴致更高了，给我们讲起了她的故事。

栾静中学毕业后就上了一所外省的中专，在那里她试着去锻炼自己，特别是磨炼自己的性格。不敢大声说话就每天早晨在小树林中喊嗓；不愿与人多说话她就强迫自己去跟人聊天；胆子小她就选晚自习后去操场一个人跑步……总之，她把自己硬生生地逼得变了性情。

中专毕业，她又挑战自己，参加高考，考取了外国语学院，她现在已经研究生毕业，在一家传媒公司做专职的同声翻译。

她对自己最大的挑战就是找了一个韩国人做老公。

对于这段恋情，看似平常，却是一波三折。最初，栾静的父母不同意，她想尽了各种办法，每天抽出时间让父母和男朋友视频聊天，星期天两人买一堆东西回家陪父母过周末等，终于感动了父母。

然后，他们又开始攻克男方父母那一关。男方父母是很传统的韩国人，他们觉得找一个中国媳妇因为生活习惯差异，将来是没有办法生活在一起的，而且栾静他们又打算留在中国，这对于只有一个儿子的一对老人来说，更是无法接受的。

于是，栾静又忙碌了起来，她没日没夜地练习韩语日常对话。短短三个月的时间，她的口语水平飞速提高，用她的话说就是不仅能顺畅地与男朋友聊天，甚至还能吵架。她把男方的父母接到了中国，带着他们

第九章 亲爱的姑娘，没什么比有趣更重要

到处游玩。因为栾静的乖巧懂事，男方的爸爸妈妈笑得合不拢嘴，最终同意了他们的婚事。

可是，往往在事情发展最顺利的时候会半路杀出个程咬金。就在他们高高兴兴地准备婚礼的时候，男方的前女友找上了门，哭哭闹闹，死死纠缠，甚至还到栾静家里去闹，把她家折腾得够呛。

但是，栾静没有跟男朋友吵，也没有跟那女人闹。她先是找人查了那女子的基本情况，然后又了解了那女子纠缠他们的动机，以不变应万变，见招拆招。一个星期之后，那个"前女友"消失了，而且还打电话跟她道歉。

我们好奇地问栾静用了什么招数，她哈哈大笑："三十六计！"

栾静，一个勤奋又睿智的女人。而这睿智也正出自她的勤奋，她就像扎啤，入口那种爽快让人为之一颤，却不知这种爽利同样来自那没日没夜的积淀。

水，始终只有一个味道；酒，则不同的酒有不同的味道，女人亦是如此。但无论哪一种酒，底蕴越深，越是久远，越是馥郁醇香！

愿你融入女人的娴静、聪慧、柔情，让这酒色、香、味俱全，再用一生细细品味。

付出不多，凭什么一边焦虑一边委屈

1

周末整理房间，无意中发现了以前的一篇日记，记录的是我的学习生涯中唯一一次被罚站的经历。

中学时代，物理是我的短板，并不是上课学不会，而是从来不感兴趣。作业凑合着完成，自主练习却一点也不想做。

每次考试结束后，物理总是拉低名次的那一科。上了初三，我觉得事态比较严重，于是下定决心好好学物理，还买了一堆习题集，准备大干一场。

但雷声大雨点小的性格让我也很无奈，物理作业还是放到最后完成。每次拿起习题集时，总是无法逃脱书包中娱乐杂志及漫画的诱惑，然后，

第九章 亲爱的姑娘,没什么比有趣更重要

"明日复明日,明日何其多",完全忘记了时光匆匆而不待。

很快模拟考试季到了,物理又死死地拖了后腿。而这时的我变得焦虑了,甚至连做梦都在考试,而且在梦中我一般都是交白卷。

物理老师多次找我谈话,每次都是以我哭了作为收场。

记得那天,模拟二试卷一发,我又傻了眼。物理老师抖着我的卷子,狠狠地说:"后面站着去!"说着把卷子摔到了我的脸上。

我接住卷子,也不知道哪来的脾气,冲着老师就是一句:"你这叫体罚,我可以去教育局告你!"

老师打量着我怒气冲冲的脸,说:"我给你补课补了一周,你就以这点分来回报我?还要去告我?好,先罚站,下课再去告。"

我"哇"的一声哭了,然后边哭边喊:"路老师你不讲理,太过分了!"

老师没有哄我,给我挥挥手,然后指了指后面。

哭了一会儿后,我慢吞吞地站到了后面。这时,下课铃声也响了,没想到老师又补了一刀:"这节课没站,下节课补上。"

我泣不成声。

直到班主任走进教室,我还在后面哇哇地哭。班主任一把拽起了我,说:"哭什么!你有多委屈?!"

"我为什么不委屈,我又不是倒数第一,班里有一半以上都比我考得少,凭什么让我站?他就是针对我,还把卷子扔我脸上。……因为他

针对我,我现在做梦都害怕……"我止住了哭,一股脑地发泄着怨气。

班主任听完,面无表情地说:"作业应付,习题不做,你付出了这么点还想考高分,你焦虑?你委屈?你凭什么焦虑,又凭什么委屈?"说完,他走出了教室。

我愣愣地站在原地,脑袋里一团乱麻。

也正是因为班主任的这句话,后来我的物理成绩飞速提高。直到现在,有时一份工作让我感到或焦虑或委屈的时候,我总是会问自己:"你付出够多了吗?付出不多,凭什么一边焦虑一边委屈?"

很多时候,面对这个高速运转的社会,我们总想做得更好一点,可很多人把愿望抛在前面,现实却没有好好地追上,越是追不上,心里就越怕,偶尔还会存在侥幸心理——万一我运气好能追上呢——结果自然不会如愿,于是又有一些人开始委屈,抱怨,我明明努力了为什么没成功?

答案就摆在那里,说明你努力的并不够,付出的并不多。与其焦虑,与其委屈,不如继续跑步前进,向着自己的目标,不懈地追求下去。

2

当眼前的男人来到我家时,我从内心里是不欢迎的。

他叫高健,老公的朋友。他前妻就住在我们小区,结果他连对方的门都没进就被轰了出来,无奈就来找我老公喝酒了。

第九章 亲爱的姑娘，没什么比有趣更重要

由于老公的原因，我对高健很熟悉，他家底浑厚，有两个公司，年盈利过亿。他的前妻小梅我也很熟悉，与我年龄相仿，我们常在楼下遇到，她看上去娇娇弱弱的。

当年，小梅高中毕业独自来到这个城市，她为了省钱而到很远的地方租房子；为了少坐两站地铁而走很远的路，甚至为了省电费而舍不得用电暖器；为了少出一次聚会的份子钱而借故躲在家里吃泡面。

就在这个时期，高健"自带音效"地出场了。在小梅看来，他就是上天派来救自己的，于是她很快就接受了这个虽然老点，但帅气又多金的男人。

从那以后，小梅的生活发生了翻天覆地的变化，她从潮湿阴冷的出租房搬进了富丽堂皇的公寓，她从省吃俭用的"打工妹"变成了车接车送的"少奶奶"。

不过，这样的生活也让小梅时时感觉危机四伏，她常常会在大街上把与高健体形相似的人当成高健，冲上前去抓人家女朋友的脖领；她也怕敲门声，因为她怕这是一个美好的梦，一拉开门就会回到现实……没多久，以前活泼开朗爱笑的小梅变得极其敏感，草木皆兵。

当然，高健是真的没闲着，女朋友连小梅在内不下五个，而这几个人也互相不知道。

也许上天是有意帮着小梅吧。一天，小梅正在翻自己的手机，无意中看到了自己在奢侈品店的一张自拍，而背景的角上，清清楚楚地显示

着高健搂着一个刚试上裙子的女人照镜子,这简直是晴天霹雳。

小梅没日没夜地哭,像极了一个在初春快要融化掉的雪人。她害怕,怕自己无法接受现实而提出分手,怕分手后自己又回到困苦之中;她委屈,自己比高健小那么多,她把全部都给了他,天天山盟海誓,温柔动人,为什么他还在外面找人呢?……

小梅哭了三天,终于想明白了,如果还爱,那就选择原谅;如果不爱,那就选择分手。当初她太天真了,以为自己钓到了金龟婿,以为自己可以少努力十年,看来天下没有免费的午餐,不付出什么也得不到。

她离开了高健,走时只拎了一只箱子,一分钱也没要。

小梅离开高健后,变得越来越独立,也越来越优秀,经过三年的打拼,成为公司里为数不多的女主管。

这样优秀的女子,身边自然少不了追求者,而高健也开始反悔了,给她一拨又一拨地金钱攻击,却一一被拒。他不知道,小梅是受过伤的人,所以比别人活得更透彻,她更加懂得付出才能无憾。

3

生而为人本就会承受来自家庭、职场、社会等各方面的压力,如果自己再不懂得经营自己,那还能靠谁来拯救呢?

邻家小妹,90后,毕业三年,换了三份工作。恋爱五年,男友几次求婚都不答应。

第九章　亲爱的姑娘，没什么比有趣更重要

她焦虑，觉得城市很大，不努力就无法融入；她焦虑，觉得自己不够好，无法承受结婚生子等一系列的未来麻烦事；她不想过得太普通，扔在人群里使劲找都找不出来；她也不想像一些同事，找个北京农村人嫁了，虽然有车有房，不必为生活发愁，但那种生活根本不是她追求的。

平日里，她总喜欢玩一些占卜的游戏，毕恭毕敬地祈祷："神啊！请您赐给我现世的安稳，让我财源滚滚吧！"

男朋友走到她面前，递上了一张请帖，说："我要结婚了，老家有人介绍的，父母让我尽快结婚，婚后我也不回北京了……"

"祝你幸福！"她说。

回到家，她号啕大哭了一场，五年的感情，怎么就在一周的时间结束了呢？而且他走得那么坚决，没有一丝留恋。

窗外，城市的夜生活才刚刚开始，这灯红酒绿之间的繁华使得人们再也看不到纯粹的星空。掉落了最后一滴泪，将枕巾扔进垃圾桶，她开始反省自己：

于工作，她经历不了挫折，遇事总拿出一张文凭而显示优势，一有不顺心就马上逃避，而这些不顺心现在拿出来认真思考几乎都是她自己造成的。

于感情，她拒绝了他五年，她怕些什么呢？怕没有能力经营一个家，怕结婚生子带来的一系列麻烦……是的，她根本没有全身心爱一个人，男朋友在感情中像极了单相思，有哪个男人能迁就一辈子呢！

你没有辛勤的付出,哪来美好的回报呢?

之后,她开始调整自己,刷爆了一张信用卡,报了在职读研班,平时正常上班,周末上学,晚上做作业,看书。

我翻看她的朋友圈,从一张研究生课程培训表格之后,一年的时间全是空白,然后就是一张名校研究生录取通知书。

她在这一年里从朋友圈消失了,看着朋友晒着各种美食,各处风景,她拍拍脸,笑笑说:"加油!努力!"

北京的冬天干冷干冷的,她早晨六点就要去上课,月亮是她出门见到的第一个朋友。而到了下课的时间,她还要坐最后一班地铁回家,依旧与月为伴。

就这样,她苦熬了一年,终于以各科优异的成绩毕业,拿到了研究生录取通知书。这一年,工作也一点没耽误,甚至在年会上还拿到了奖。

就在我感慨她越来越优秀时,她的朋友圈里更新了一张照片。她要结婚了,老公是在一起读研的同学,她在照片旁配上了这样一行文字:"付出总会有回报,坚持总会有结果。这,就是时光对我最好的回馈。"

我们只有脚踏实地地付出努力,才能用自己喜欢的方式生活。所以亲爱的你,踏踏实实地前进,走好每一步,哪怕速度慢一点,但总要做点什么,才对得起芳华如歌!

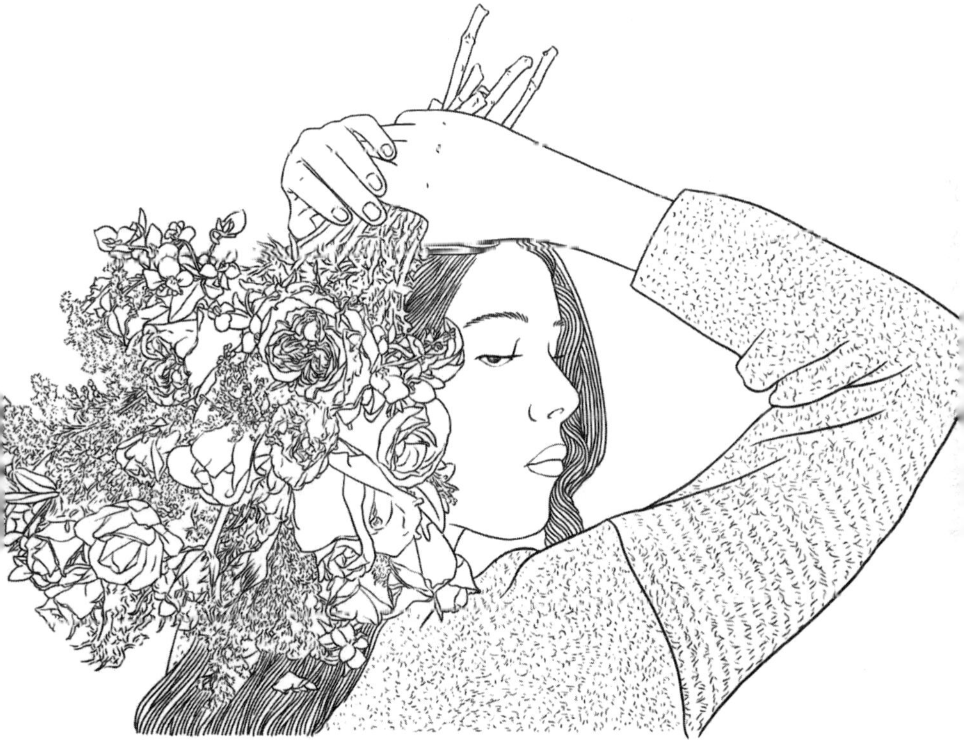

任何一种自由都需要底气

1

秋高气爽的早晨,音乐,丹青,普洱,生活节奏慢下来后,身心也跟着轻松了。

突然,办公室的门被"砰"地推开,实习生满脸都是泪:"姐,总监没有在吗?"

她口里的总监是我的弟弟,因为总公司有重要会议,所以我暂时替他来盯一段时间。一则我没什么事儿,二则我熟悉他们公司的基本情况,人员也熟悉,最重要的是他们总公司的老总是我的恩师。恩师打电话让我来公司坐班,我有一百个理由也无法推脱的。

"是的,他去总公司了,有事儿可以给我说。"我虽然心里还是觉

第九章 亲爱的姑娘，没什么比有趣更重要

得她推门有些不礼貌，但看她这一脸泪应该是有原因的。

"好，他不在，那我就跟你说了。"说着，她把一叠资料扔到办公桌上。

原来，她来公司有一个月了，与她同进公司的同事考核合格已经转正，而她的考核一直未合格。

"总监不给我转正，也不告诉我为什么不转正，只是弄来一堆破资料，让我审，让我改，我觉得他在故意折腾我！这一堆破资料，有什么可整理的。"小姑娘的眼睛都要喷出火来了。

我给她倒了一杯茶，递过去，问："所以，你今天是找他质问来了？"

"对！"她并没有接我的茶，歪着脑袋，一脸不服。

我把递茶水的手收了回来，笑着说："嗯，幸好今天他没在。"

"你什么意思？"小姑娘又哭了，"我名牌大学毕业，在学校一直担任学生干部，能力也很高，最开始，我因为这一堆资料苦熬了三天三夜，一天只睡四五个小时，我以为我已经整理得很好了，结果他拿到资料，当着全公司人的面把我骂了一顿。"

"然后呢？你就怒了？"我问。

"没有，我哭着又整理了一遍，结果他竟然说我矫情，不踏实工作。"小姑娘咬着牙说。

"我现在告诉你为什么说幸好他没在。"我喝了一口茶，示意小姑娘坐下，继续说，"如果他在，今天你的所有行为都足以被开除了。第

一，你进门不懂得敲门，一心想顶撞上司，这是职场的大忌；第二，你说资料已经整理好了，我没有打开资料就可以判断你并没有整理好。"

"为什么？"小姑娘又梗起了脖子，看来她真的没有学习过职场礼仪，情商也偏低。

"因为这是一堆散资料，你扔到桌上，资料已经散开了，显然你没有贴标签，也没有画重点标，最重要的是你连页码都没标，这怎么能说是整理好了呢？"

"我……我对照了内容，一点儿错误都没有。"小姑娘还想据理力争。

"你过来，看书桌上的那幅山水画，漂亮吗？"我指着刚刚随手画的山水问。

"这个……我不太懂。"小姑娘弱弱地回答。

"你看那水，无论是瀑布还是清泉，都没有笔直的，当流水受阻时，它们一般不会和巨石相争，因为它们知道如果争就会受到撞击，最后受伤的也是自己。所以，它们往往会探索一条适合自己的，能让自己前进的路，这条路虽然弯曲了，可只要能达到目的，低头又怕什么呢？"

看她情绪稍微缓和了，我继续说："假如有一天，小溪流聚成了大江大河，那石块就会变得渺小。所以它们将石块冲击，从上游冲到下游，而石块这时也不会选择反抗，任河流冲刷。有一天，它磨去棱角了，就变成了漂亮的鹅卵石，河流的冲击对它来说就不算什么了。"

姑娘没有再问我资料哪里出了问题，也没有再找总监评理，她默默

第九章　亲爱的姑娘，没什么比有趣更重要

地工作，整理着散乱的资料，帮着别人打印复印，给同事买咖啡……

总之，后来的她可以接受一切的工作，再也没有抱怨过。

三年后，弟弟被调去了总公司，特意推荐了她做分公司总监。听到这个消息，很多人都很震惊，甚至羡慕她的好运气，但她说："任何一份成功都是有原因的，我可以接受这份工作，而且有能力将它做好。"

昨天，我去公司处理点事情，听到她在开会，她说："无论你多么不满意现在的工作，或者你对我做你的上司多么不服气，都请拿出真本事来。"

会后，我笑着说她成长了。

她笑着说这份自信与底气来源于那幅山水图。

她从一名满是抱怨与不平的小实习生，锻炼升职为公司总监，自然不是因为那幅山水图，而是因为她从中懂得了一个道理，任何的表面自由都来源于背后的付出，没有能力的时候就要卧薪尝胆，养精蓄锐地积攒力气，总有一天，会打一个漂亮的反身仗。

2

看到她自信的表情，我觉得好熟悉，像谁呢？哦，对，是她——李小小。

李小小与我一同进入职场。当年，我们几个人刚到公司，总编室秘书就时常给我们出难题。本来是她应该整理的数据，她会发到我们的电

脑上，让我们整理；总编安排她跑印刷厂，她也推给我们来做；读者出了问题，她也让我们帮她解决……但是，只要是涉及她个人利益的事儿，她就一点也不谦让，甚至还把指使我们做成的事的功劳，全贴到她的身上。

当时，我们几人已经商量好去总编那告状了，但李小小却拦住了，她说："实力反击叫漂亮的翻脸，无实力反击叫自取其辱。你们觉得我们占哪一条？"

我们几个都无语了。是呀，人家是总编面前的红人，我们只是小小的实习编辑；人家给编辑部创造过极大的利益及荣誉，我们只不过刚刚到公司一个月；人家拉来的广告足以让编辑社奖金大幅度提高，我们只是领着工资的小员工……

总之，我们如果去告状，总编相信的话她最多是落个批评，而我们却会背上不懂规矩、事儿多、集体上诉等很多条职场禁忌法则，对于我们而言，只有害而无利。

因此，我们在李小小的说服下，放弃了找上司评理的想法。

一年后，李小小通过自己的努力为编辑部解决了大问题，拉到了重要客户。

五年后，总编被其他公司挖走，李小小以平时的表现迅速坐了总编的位置。

晚上我们喝酒庆祝，她大笑着说："今天，我对秘书说'用你教我

第九章　亲爱的姑娘，没什么比有趣更重要

整理资料的方法，去给我把近三年有关编辑部发展方向的资料整理一下'，然后，我们出公司门的时候，我看了一眼，她还在忙着贴标签。"

李小小显然是故意在报当年的"仇"，当然，她现在已经有能力去做这件压在心底很久的事儿了。当无能力反抗时就要学会忍让，当有能力反抗时才能随意选择原谅与否，而这个选择的自由，是需要底气十足的。

3

某天下午，我正在跟孩子上网课，突然听到外面一阵吵嚷声。儿子坐不住了，连忙跑到阳台去看。一会儿，他像是得到了重要情报一样对我说："你猜谁在吵？姥姥家楼上阿姨的妈妈和叔叔的妈妈。"

那两个年轻人刚刚结婚，两个亲家就这样吵起来了吗？为什么呢？儿子看我不说话，得意地说："你是想知道为什么吧？叔叔阿姨离婚了，然后家里的东西分得不均。"

儿子也着实厉害，就听了一会儿就把主要内容弄清了。

静静想想，他们两人离婚是必然的。小伙子挺有能力，年纪轻轻就自己开了公司，听说效益还不错，但脾气却不好，平常没事儿，一喝酒就开始给小媳妇提意见，小媳妇稍有反抗便开始打骂。

按正常来说这是家暴呀，怎么忍得了呢？可小媳妇却说："我能怎么办？我花他钱呢，打两下就打两下吧。为了维护自己的婚姻，我愿意

做出一些牺牲。"

这些话语让我听了哭笑不得。

每天精心打理家里的大小事情，早上早早起床给老公做好早饭……这个媳妇，虽然满肚子的怨怼与委屈，但她越发努力照顾老公，几乎事无巨细。她相信，天底下再没有哪个女人会像自己这样照顾他，相信老公会因此而眷恋她，可是鸡飞狗跳的日子依然继续着。

外人虽然觉得她有些傻，但老话说"宁可拆座庙也不毁一桩婚"，便不好再说什么了。看来现在她是忍无可忍了，总算提出离婚来了。

我听到外面还有吵闹声，便提着垃圾，准备借倒垃圾的名义看一下情况。

有了解详情的给我说："小媳妇找着工作了，两人吵架的时候，小伙子又要动手，她就直接和他把婚离了，这不娘家人说要把嫁妆拉回来，可婆家却不愿给……"

小媳妇找到工作了？看来她还是选择了自我独立，独立之后的她才有底气提出离婚，逃离那个泥淖不堪的糟糕婚姻。

虽然她的婚姻失败，可是好在她找到了自己。都知道一个女人开始独立生活，要承担的压力真的太大了，可是她却默默坚持，努力工作，尽量不让自己为生活所迫，因为一段婚姻让她更加明白，靠得住的永远是自己，只有自己强大了，才有余力选择自己想要的人生，让自己和家人活得体面。

第九章 亲爱的姑娘,没什么比有趣更重要

自由是什么?

康德说:"真正的自由不是你想干什么就干什么,而是你想不干什么就不干什么。"

有能力追求自己喜欢的生活,同时也有权利对不喜欢的事情说不,对不喜欢的工作说"不",去找喜欢的;对不喜欢的事说"不",去做喜欢的;对不爱的人说"不",去爱喜欢的……这才是生而为人的自由。

自由是难能可贵的,你必须要付出一些努力,一些忍耐,在前行的路上不断累积自己的能力,掌握生存和生活的本领。

如此,你的人生必将充满千万种可能。